主编 刘晓勘

北京青少年科技后备人才早期培养计划

人才20年

科学出版社

图书在版编目（CIP）数据

人才 20 年：北京青少年科技后备人才早期培养计划 /
刘晓勘主编 . -- 北京：科学出版社，2017.4
ISBN 978-7-03-052452-2

Ⅰ . ①人… Ⅱ . ①刘… Ⅲ . ①青少年 – 技术人才 – 人
才培养 – 研究 – 北京 Ⅳ . ① G316

中国版本图书馆 CIP 数据核字 (2017) 第 055690 号

责任编辑：徐 烁 / 责任校对：郭瑞芝
封面设计：李利峰 / 版式设计：秦 童 / 责任印制：张 倩

科 学 出 版 社 出版

北京东黄城根北街 16 号
邮政编码：100717
http://www.sciencep.com

中国科学院印刷厂 印刷
科学出版社发行 各地新华书店经销

*

2017 年 4 月第 一 版 开本：720×1000 1/16
2017 年 4 月第一次印刷 印张：20 1/4
字数：250 000

定价：58.00 元
（如有印装质量问题，我社负责调换）

在创新中激发青少年创造力

　　创新是一个民族发展进步的灵魂，是一个国家兴旺发达的动力，也是一个人事业取得成功的重要素质。培养和造就一大批拔尖创新人才，是建设创新型国家、建设人力资源强国和实现中华民族伟大复兴中国梦的根本保证。这就要依靠学校教育、家庭教育和整个社会教育的共同努力，而且必须从青少年抓起。

　　2016年12月，习近平总书记给北京市八一学校科普小卫星研制小组回信，希望同学们"保持对知识的渴望，保持对探索的兴趣，培育科学精神，刻苦学习，努力实践，带动更多青少年讲科学、爱科学、学科学、用科学，努力成长为祖国的栋梁之材，将来更好地为实现中华民族伟大复兴的中国梦贡献力量"。这既表达了对全国青少年的殷切期望，也对广大教育工作者和科技工作者积极开展青少年科技创新教育、努力提高青少年科学素养提出了明确要求。

　　良好科学素质和创新潜力的形成，是从青少年的兴趣、好奇心与勤于动手开始的。对大自然充满好奇心，对各种未知充满兴趣，是青少年的特点。这种特点驱动着他们探索自然的奥秘，追求科学的真谛，并在这一过程中培养和形成了创新的精神，学会了创新的方法。自幼具有强烈的好奇心和兴趣，几乎是每一个成功科学家的共性。

　　从充满好奇心和科研兴趣的青少年转变成年轻有为的科技后备人才，最

　　关键的一步是要为他们提供从事科研实践锻炼的机会和平台。只有在实践中才能培养出学生的动手能力，并真正让他们的好奇心和科研兴趣得到激发和释放。

　　在众多科学家的倡议和支持下，北京市科协从1996年开始，启动实施了"北京青少年科技后备人才早期培养计划"，大力发现和培养有志于科学研究的优秀青少年，建设科技人才后备梯队。这一计划通过为中学生提供科学实践的机遇和平台，积极引导青少年走近科学家、走进科学实践，进而了解和参与真实的科学活动，激发他们探索自然奥秘的好奇心和从事科学研究的信心与动力。更为重要的是，通过与科学家的面对面交流与合作，尤其是通过参与实验室的科学研究活动，进而走进科学家的科学与生活世界，使他们不仅了解科学家的工作成果及其社会价值，更了解科学家的研究方法、创新思路，了解他们的思想、人格、情感、态度和价值观，也包括他们曾经失败的教训，这些对于培养既有创新精神和创造才能，又有健全人格和人文关怀的创新型科技人才，具有重要意义。

　　科学教育就是要有目的地培养青少年学生的科技创新精神和能力，养成良好的科学道德，注重开发创造潜力，培养创造性思维和批判性思维，鼓励和启发他们主动思考、善于思考、独立思考，全面提高科学素养，促进他们和谐发展。

　　十年树木，百年树人。"北京青少年科技后备人才早期培养计划"虽已走过了整整二十个春秋，但青少年科技后备人才的培养没有终点。广大科技工作者和教育工作者使命在身、重任在肩。全面回顾和深入总结计划实施二十年来的可喜成果和宝贵经验，以此为新的起点，与不断深化的教育改革紧密结合，不断创新形式、丰富内容，吸引更多的单位、更多的中学生参与"北京青少年科技后备人才早期培养计划"，在创新中激发青少年的科学创造力，为我国青少年科技人才的培养作出更大的贡献！

北京市科学技术协会主席
中国科学院院士

青少年创新、探索的求索欲望与动手的能力是一个城市生命力旺盛的标志之一，也是富有活力的体现。青少年兴则国兴，青少年强则国强。做好青少年科技教育工作，是提高青少年一代科学素养的一项基础工程，是为社会主义现代化建设源源不断地输送人才的一项战略举措。

早在20世纪90年代中期，北京市科协就在众多科学家的倡议和支持下，充分利用中央在京科研院所的资源优势，大力发现和培养有志于科学研究的优秀青少年，建设科技人才后备梯队，并从1996年开始启动实施了"北京青少年科技后备人才早期培养计划"，截至目前，已实施20年，特别是2004年被纳入北京市委人才折子工程以来，它已成为北京市人才工作的重要组成部分。

经过多年的发展，"北京青少年科技后备人才早期培养计划"形成了以北京市科协为实施单位，以相关大学、科研单位的重点实验室、区科协、示范学校为参加单位的工作机制，从日常工作到各种科研实践活动、导师对学生的科学课题指导，再到后期的总结评价都进行了细致分工。

20年来，"北京青少年科技后备人才早期培养计划"始终秉持"让青少年亲身体验科学探索的全过程，感受科学的魅力，接受科学思想和科学精神的熏陶、掌握初步的科学实验方法、培养求真务实的科学态度、提高自身的科学素养，以及创新思维和科学实践的能力"这一宗旨，培养了一批批热爱科学的青少年，为国家及首都建设提供了重要的科技人才支撑。

回首过往20年，各方领导、专家、教师、学生都付出了辛勤的汗水，成绩斐然。鉴往知来，值此活动举办20年之际，北京市科协组织编辑出版《人才20年》一书，既是对发展历程进行回顾，也是对20年来经验的总结；

既是对给予此项"计划"大力支持并参与其中的院士、专家、导师及科技教师们无私奉献精神的褒扬，更是通过各期典型人物的收获和感悟，探索青少年科技教育的新方法与新途径，并通过总结经验，摸索规律，为下一步"计划"的实施提供有价值的参考。同时为了增强实用性，我们向专家、教师约稿，从而指导学生更好地参与其中。

　　加强青少年科技培养工作，是时代的要求、历史的重托、人民的期望。让我们齐心协力把青少年科技教育工作抓实抓好，抓出成效，为实现中华民族伟大复兴的中国梦做出贡献！

北京市科学技术协会党组书记、常务副主席

马林

启迪思维

发挥自我

王绶琯

二〇一六年 十一月

祝愿北京青少年科学实践活动愈办

愈好,

为发掘和培养更多的具有科学潜质

的优秀的青少年人才而努力!

王乃彦

2016. 12. 27

目录 CONTENTS

使命

篇

二十年，
取得如此成绩，
离不开院士、专家共同参与，
离不开导师的指导，
离不开学校的支持，
离不开一线科技教师的关注。

是他们身上
所肩负的责任，
更是对青少年人才培养的一种使命，
使得我们相信，
在未来将收获更多辉煌！

20 年创新探索，打造首都青少年科技人才培养模式

（一）开创（1996－1999 年）

艰难初创之路

使命篇

　　创新是一个民族进步的灵魂，是一个国家兴旺发达的不竭动力，而支撑和推动创新的根本是人才。"国以才立，政以才治，业以才兴。"只有不断激发和培养更多青少年的科学热情，培养探索精神，才能为把中国建设成为科技强国、创新型国家打下重要的人才根基。

　　早在 20 世纪 90 年代中期，北京市科协就在众多科学家的倡议和支持下，充分利用中央在京科研院所的资源优势，大力发现和培养有志于科学研究的优秀青少年，建设科技人才后备梯队，并从 1996 年开始，启动实施了"北京青少年科技后备人才早期培养计划"（以下简称"后备人才计划"）。

　　邓希贤教授是"后备人才计划"的亲历者、推动者和见证人。

　　在邓希贤位于东直门附近的居所，已 84 岁高龄的他，娓娓道来当年的初创历程。

　　时间回到 1996 年，邓希贤 64 岁，他即将从工作岗位上退休。这位生理学教授，曾担任中国医学科学院基础医学研究所所长，培养出数十位研究生，为我国医疗事业操劳了大半辈子。他曾提出针对高原性心脏病的新的分型方案和诊断标准，为青藏铁路的建成奠定了必不可少的基础，他还参加过中国南极考察队长城站的科学考察，他所取得的成就和荣誉，都能使其度过一个舒适平静的晚年。

　　1996 年，却因为中国科协的一次邀请，使他彻底放弃了"退休"的念头。

那一年，中国科协青少年工作部访美，观摩美国西屋科学人才选拔赛，这是一项旨在从全美高中学生中发现最有想象力的科学后备人才的培养活动。美国的一些研究机构和大学每年对外公布，自己的实验室有什么样的条件、可以接纳多少学生。学生们提出申请，介绍自己有什么课题、实验计划是什么。实验室的评判标准是，这个课题是不是学生自己提出的，他能不能独立完成。

美国这项让高中生走进大学实验室的活动，从1942年起开始举办，在参加过这项活动的青年人中，有不少人后来成了知名科学家，少数人甚至还获得了诺贝尔奖。

回国后，中国科协希望能借鉴美国这一模式，决定在北京展开试点，具体工作由北京市科协青少年工作部与中国生理学会协助组织。"中国科协当时的想法，是选拔一部分学有余力并致力于科学研究的中学生进实验室，体验科研的全过程，以培养孩子们的创新意识和实践能力。"当时即将从工作岗位退休的邓希贤当即表态愿意协助创立工作。

邓希贤利用自身的有利条件，选择从自己熟悉的生命科学领域着手，一同参与的还有当时北京大学生命科学学院院长周曾铨。

▼严陆光院士为"后备人才计划"学生作报告后与同学们交流

▼邓希贤教授和
学生在一起

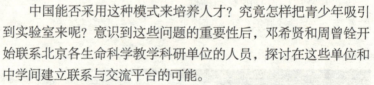

　　中国能否采用这种模式来培养人才？究竟怎样把青少年吸引到实验室来呢？意识到这些问题的重要性后，邓希贤和周曾铨开始联系北京各生命科学教学科研单位的人员，探讨在这些单位和中学间建立联系与交流平台的可能。

　　然而，万事开头难。

　　当邓希贤和周曾铨奔走在各个学校与科研工作者谈及此事时，不少大学科研工作者对这一工作并不十分理解。他们有这样的顾虑："中学生没有基础，没法做科研""这些孩子来了会不会把实验室弄乱""仅用1~2年的课余时间做课题很难出成绩"，等等。除此之外，当时国内很多中学重点在抓应试成绩，对学生科学思维能力、分析能力的培养并不太关注，对如何参与、组织和实施活动并不积极。不少中学生对此也是一头雾水，学生们把实验室看得很神秘，不知道自己走进实验室里能干些什么？学生家长也有疑虑，担心影响学生高考。

　　为了打消这些顾虑和担忧，在北京市科协的组织下，邓希贤和周曾铨组织各方召开研讨会，解决面临的困难，耐心地解答他们的疑惑。强调青少年与专家零距离接触，能使学生得到科学精神、科学思想和科学方法等方面的熏陶和培养，激发他们对科学探索的兴趣，帮助他们提高创新意识与创造能力。"也许学生们仅仅利用一两年里的课余时间做实验，并不会取得较大的科研成果，但是在这个过程中，青少年会学到很多对他们后续发展有重要作用的科学方法。"邓希贤和周曾铨一遍遍耐心地讲解。

此外，他们建议科研工作者向青少年介绍实验室的情况，让他们参观实验室，并选择一些比较容易的课题，介绍一些文献让他们看，可以由博士生带他们做一段工作。"咱们大家都一起试试看，一定会有效果"。

"无论是具体单位还是个人，在项目创立过程中都付出了很多，大家凭借的就是社会责任感。"回想创立过程，邓希贤感叹道。

通过各方努力协调，在大量前期准备工作的基础上，1996年11月，"后备人才计划"正式启动实施。北京大学、北京医科大学和协和医科大学成为首期开放实验室的院校。由于主要涉及生命科学领域，因此名称定为"生命科学领域跨世纪一流科技人才早期发现和培养规划"。

来自景山学校、北师大实验附中、人大附中、北大附中、北京二中等5所中学的首批11名同学，分别进入北京大学生命科学学院、北京医科大学（现北京大学医学部）及中国医科大学3所高校的有关实验室，在7位大学导师的亲自指导下，基本上自主完成了8个小课题的研究性学习。

白凡，原北京师范大学附属实验中学学生，"后备人才计划"第1期学员，现在已经成为北京大学生物动态光学成像中心的副教授。他回忆起当年的场景，仍历历在目，"一次次反复做实验，一次次反复记录、整理，短短不到两年的课外科学实践经历，既开拓了我的思维，教我学会了如何思考，同时又锻炼了我的性情。我的交际能力、合作能力、科研能力都得到了提高。"白凡说。

如今，作为一名真正的科研人员，他感叹，正是"后备人才计划"让许多跟他一样有"科学梦"的青少年施展了自己的才能，

使命篇

▲ "后备人才计划"学生开展实验

第一次有机会做自己喜欢的研究。时光虽然短暂，但是这次机会对他走上科研之路，指明了方向。

20年间，"后备人才计划"已开展17期，青少年进实验室活动选拔学生2604名，北京青少年科技俱乐部参加科研实践活动学生累计1800人，北京青少年科学探索专项资金使2万余名学生受益。从"后备人才计划"中走出的学生，大部分被国家重点高校录取，很多人在国外知名大学继续深造，还有一部分青少年已成为了优秀的科研人员，为国家的科技事业发展贡献着自己的力量。

带着 61 名科学家的期望

"母亲希望我学物理，可我觉得自己能力有限，您说我该如何决定？感兴趣的事情和最擅长的事情，我该选择前者还是后者？"

"建筑物的形状、材料和颜色对全球气候变暖有影响吗？"

……

提出上述问题的，都是十六七岁的青少年，而回答的人都是大名鼎鼎的院士、科学家，这是一次北京青少年科技俱乐部举办的中学生与院士专家面对面活动的场景。

当人们谈起北京市科协的"后备人才计划"时，总会想到北京青少年科技俱乐部。北京青少年科技俱乐部活动是"后备人才计划"的重要组成部分。有人把"青少年进实验室计划""北京

使命篇

院士专家
联合签名

9

青少年科技俱乐部活动"和"北京青少年科学探索专项资金"形象地称为"后备人才计划"的"三驾马车"。在俱乐部的元老和发起人、中科院院士王绶琯先生看来,科技俱乐部更像是"小分队",是做架桥铺路的事情,使得对科学有兴趣的中学生通过这个桥梁走出校门、走进科学场所,能够结交良师益友,在科研环境里得到更好的熏陶。

谈起"后备人才计划"和科技俱乐部如何汇聚成一股力量,这得从 1999 年说起。

这一年,中国提出了"科教兴国"的发展战略,举国上下都在思考如何加速发展科学技术事业,提升国家综合实力和国际竞争力的问题。这一年,中国教育界召开了第三次全国教育工作会议,将全面推进素质教育和着重培养学生的创新精神和动手实践能力,定义为教育改革的关键和主旋律。

这一年,王绶琯院士已经 76 岁,正从繁忙的科研工作中逐步脱身。当他看到在各类科技竞赛活动中涌现出的"可能的科学苗子"一个个从科学园地中消失,他忧心忡忡,心急如焚。

王绶琯曾经探究过科学史上的一个有趣现象,即世界上杰出科学家作出卓越贡献时的年龄规律。他发现,从牛顿、爱因斯坦到李政道、杨振宁,在 20 世纪的一百年中,诺贝尔物理学奖获得者共计 159 人次,其中 30 岁以下者占 29.9%,40 岁以下者占67%。这表明科学史上许多重要的科学发现是由年轻科学家做出的,他们进行科学发现的年龄高峰期是在二十几岁。王绶琯将此现象称为"科学成就的年龄规律"。 基于此,他提出:"明日的杰出科学人才,非常有可能产生在今日有志于科学发现的优秀高中学生中,而创造机遇是帮助这一群体中的科技人才被发现并得到造就的重要途径。"

发展科技的根本在人才,而人才培养是个系统工程。青少年时代,尤其是学生开始探索人生、发现自我、才华初露的高中阶段,更是科技人才培养的关键期。参照历史,对比现实,王绶琯敏锐地意识到,能否抓住高中这个关键期,对一些科技后备之才施加影响和予以提携,是一件事关科技发展全局的大事情。

"在政府，应属谋国方略；在科技界，则是一种严肃的社会责任。"王绶琯院士的想法得到了首都科技界的热烈回应。1999年6月，包括马大猷、王选、王大珩、王越、王乃彦、白春礼、朱光亚、路甬祥、钱学森、陈佳洱、郑哲敏等44名院士在内的61位国内最为知名的科学家，联名向社会发出《关于开展"北京青少年科技俱乐部活动"的倡议》。倡议很快得到中国科学院科普领导小组、中国科协青少年工作部（现为中国科协青少年科技中心）、国家自然科学基金委员会、中国技术交流中心、北京市科委、北京市科协、北京市教委和北京青少年科学基金会的支持。

1999年6月，北京青少年科技俱乐部正式建立。这是一件很有标志性意义的事情。它说明老一辈科技专家在科技后备人才培养问题上有着强烈的忧患意识和完全一致的整体认同，是科技界在多年关心支持教育发展的基础上，面对新的形势，如何更好履行自己社会责任的一种新觉醒。北京青少年科技俱乐部就是在众多科技专家的爱护、支持、帮助下，开始了自己的成长之路。

北京青少年科技俱乐部与北京市部分高中学校合作在学校中共建俱乐部活动基地，接受有志于科学研究事业的高中学生为"学生会员"。每年组织学生会员利用课余时间和假期到担任俱乐部学术指导中心的科研院所进行"科研实践活动"，以引导他们"走进科学"。

使命篇

▶第十三期中期总结会

使命篇

(二) 传承（2000－2016 年）

架起沟通的桥梁

　　进入 21 世纪，"后备人才计划"领导工作移交给了北京市科协青少年工作部，通过持续不断的努力，其影响力越来越大，越来越多的高校或科研院所的重点实验室向青少年打开了大门，越来越多的科学家作为入选学生的导师加入到了指导青少年科研的行动中来，活动项目也开始由最初的生命科学领域逐渐扩展到其他领域。

　　2004 年，为贯彻《北京市科协关于实施首都人才发展战略，进一步加强科技人才工作的意见》精神，在北京市科协六届八次常委会议上，正式将具体名称更改为"北京青少年科技后备人才早期培养计划"。

　　2004 年底，"后备人才计划"纳入北京市委组织部人才折子工程。折子工程是由市主管副市长分工负责，相关委、办、

▲在南极长城站，八中师生与南极站科学家合影

局及承办单位协调配合的重要工程项目，它要求任务、时限、责任明确具体到文字，确保落实，是市政府批准并亲抓亲办的工程，使青少年科技后备人才培养成为了全市人才工作的重要组成部分。

　　原北京市科协副主席周立军谈道："后备人才计划"的实施，就是要发挥北京市科协的桥梁与纽带作用，坚持"普及与提高"相结合的原则，在广泛开展的科技教育活动中，认真落实"后备人才计划"培养，建设科技人才后备梯队。

　　为了保障"桥梁"的畅通，做好高等院校、科研院所与中学之间的纽带，北京市科协提出了多条保障计划与措施。

　　为提升学生的科学素质水平，北京市科协定期召开交流会、导师会、辅导员会，分析学生培养过程中出现的问题，及时采取措施予以解决。提供科研实践成果展示、交流的平台，组织和资助参与"后备人才计划"的学生参加北京青少年科技创新大赛，同时选拔优秀的科研实践成果参加全国青少年科技创新大赛及国际青少年科学与工程大赛、欧盟青少年科学家大会、国际青少年科学及论坛、国际青少年环境奥林匹克竞赛、新西兰青少年科技大赛、日本青少年科学节和韩国青少年科学节等国际交流活动。同时为了扩大影响力，北京市科协加强对优秀科技后备人才的宣传工作，呼吁社会各界都来关心重视青少年科技后备人才培养，形成全社会齐抓共管的局面，共同做好科技后备人才培养工作；建立青少年科技后备人才库，阶段性的了解学生的发展情况，做好其成长历程的追踪调查活动。与专业科研评价机构合作，对"后备人才计划"实施结果进行评定，不断提高组织管理水平和活动效果。

　　除此之外，北京市科协为提升教师水平，还组织了"青少年科技教师、辅导员队伍建设"活动，包括组织部分科技教师（辅导员）到中国科协、教育部等单位联合主办的全国青少年科技创新大赛现场进行学习观摩。邀请中、小学校级干部参与每年一届的中外教师论坛，旨在通过对科研课题形成案例的探讨及对科研场馆教育资源的分析，开拓青少年科技教育工作者的视野，帮

使命篇

13

助青少年科技教育工作者更好地利用科技教育资源，为创新人才培养服务，进而促进中小学科技教育工作水平的提升，更好地建设科技人才后备梯队。面对郊区的骨干科技教师，开展专业技能培训，以提升郊区科技教师（辅导员）队伍水平，促进科技教育的均衡发展；针对青少年科技教师，举办基础能力普及培训班，进行专项技能的培训。

北师大附中顾永梅副校长谈起对此的感想时表示："后备人才计划"为学校引进了高校、科研院所资源，架起了中学和科研工作者的桥梁，使我们的学生、教师都有机会了解、参与科学研究。这一工作使得我们的教师更加专业化，学生的视野更开阔，最为重要的是，使学生在中学阶段有机会接触真正的科学研究，这为他们树立理想、确定自己未来事业与发展都起到了重要的作用。

"后备人才计划"是一项长期的人才培养工作，在开展的一系列科技实践活动中，北京市科协始终坚持以青少年为中心，坚持以专家为重心，充分发挥科协桥梁和纽带的作用。通过座谈会、研讨会及上门访谈等形式，多方面听取专家的建议，及时安排各类科研探索活动，拓宽青少年的视野，提升青少年的科学素养，着力打造"后备人才计划"品牌。

1997 年 1 月 28 日，组织"北京青少年进实验室活动"；

2000 年，青少年在中科院植物研究所光合作用研究中心许亦农研究员的指导下参加"科学实践"活动；

2003 年 8 月 11 日，中科院地理与资源研究所陈同斌研究员指导学生考察砷污染情况；

2006 年 9 月 9 日，第 6 期入选学生参加交流会；

2007 年，组织学生进行野外考察；

2008 年 9 月 13 日，召开第 8 期北京青少年科学探索专项资金项目论证会；

2010 年，组织野外科学考察活动；2010 年 9 月 7 日，北京市科协在北京市第十二中举办"奋斗与机遇——郝柏林院士报告会"，这是"我与院士面对面"青少年科普报告会系列活动的开篇之作；

2012 年 3 月 19 日，中国科学院院士严陆光与北京师范大学附属实验中学学生面对面交流，并作题为《做人、做事、做学问》的报告；

2014 年 7 月 27 日，科学实践考察之"探知——农业物联网"Ⅱ期活动成功举办；

2015 年，举办多场"后备人才计划"系列科普报告会；

2016 年 1 月 23 日，"走进世界自然博物馆——高黎贡"野外科考活动举办，等等。

在开展科技实践活动过程中，北京市科协始终坚持以青少年为中心，以专家为重心，充分发挥科协桥梁和纽带的作用，通过座谈会、研讨会及上门访谈等形式，多方面听取专家的建议，及时安排各类科研探索活动，拓宽青少年的视野，提升青少年的科学素养。科技实践活动的开展，对学生课题质量的提升起到了十分关键的作用。

使命篇

为梦想保驾护航

"后备人才计划"的全面发展，离不开学校的支持，这不仅仅体现在学习指导中，学校在科研过程中也竭尽所能，为学生创造条件。

北京市第一个以学生名字命名的实验室"李汉歌工作室"就诞生在"后备人才计划"中。后备人才第 9 期学生，来自北京二中的李汉歌在蜘蛛生活习性研究领域小有名气。在他家 3 平方米的阳台上，饲养着大量供研究的蜘蛛，最多时达 3000 只。他希望能有一个更大的空间进行他的科研项目，

▼王爱丽博士指导学生实验

学校决定为他建立个人实验室。

对此，北京二中钮小桦校长认为，"给一个学生建立了实验室，无形中也是对其他同学的一种教育，是一种引导，也是一种帮助。只要学生有愿望并达到一定的高度，学校又有这种能力，我们就要创造这样的条件来满足学生的需求。设立个人实验室的做法就是为了让更多的学生自觉加入到科学研究实践活动中来。这个实验室不是三年后就解散的短期行为，而是探索特殊学生的培养道路，倡导他们的个性发展，实现可持续发展的具体措施"。现如今，李汉歌正在攻读博士学位，继续在"蚕基因组生物学国家重点实验室"从事科研工作。

"后备人才计划"得以大力发展，正是在各个基地学校的大力支持下，才一步步走得如此坚实！

在成长的道路上，除了学校的支持，更应该感谢的是导师的无私奉献！假如"后备人才计划"是一艘船，导师则是帆，为同学们梦想远航提供了动力。

彭小峰教授，29 岁时被评为教授，是当时清华大学最年轻的教授。之后不久，他又被破格提拔为清华大学热能系的主任，同时也是当年清华史上最年轻的一位系主任。在人民大会堂，他和其他优秀的科技工作者们一起被授予了"长江学者"的荣誉称号。他的学生曾这样公开评价他："对科学执著、对工作勤奋、对科学方向有着异常敏锐的直觉。在科学问题上理性，对学生更是舍得投入金钱和精力，让利于学生；对学生有很强的亲和力，足以凝聚一个庞大的课题组。"

而这样的理念，彭晓峰教授不仅只用在大学生或研究生的教学上，对于前来进行科研早期实践的高中生，他也是这么做的。只不过针对这些高中生的特点，他又进行了一些更加细致的调整。初次进入真实的科研环境让很多孩子都不适应，无论是从立题、论证、实验步骤的设计，还是仪器的合理操作、实验记录等诸多环节，都需要导师耐心地加以指导或引导。尽管有研究生在，但彭晓峰投入的精力并不少，一个环节一个环节地指导、纠正。对于学生的疑问，他也是耐心地讲解，或者引导学生进行思考，让他们自己慢慢找到答案。

正是导师的无私奉献，才使得学生的梦想插上了翅膀！

在学生成长的道路上，接触最多、依赖最多的还是来自一线的科技教师，他们为孩子的成长可以说鞠躬尽瘁。当学生从一个懵懂的少年，到走进大学的实验室，他们需要学习、了解的太多，从参加计划选题的准备、答辩测试，到展板的制作、论文的写作，到后期的试验，到处都能看到科技教师的身影。

对此，来自八中的高颖老师深有体会，"开始时学生往往不会跟专家交流，这时就要鼓励学生，教他如何跟老师打交道，等他学会基本的方法，过了这一关，他的学习能力就很容易增强了。"对于具体带学生的方法，高颖老师认为关键是老师要言传身教，老师自己要有人格魅力，得让学生服你。"比如在一些专业方面，你必须懂，否则说不到点上学生就不服你。还有老师一定要肯付出，忘我地投入，学生才会一样投入。"实际上多年来，高颖老师几乎所有的假期时间都用在了陪学生上面。高颖老师笑称，因为陪父母亲的时间太少，心里觉得特别愧对他们。

使命篇

▼参与"后备人才计划"的学生进行培训

　　"这些工作让我也有了更多的收获，其中最大一条就是对什么事都特别看得开，接触了很多人，能感觉到正能量，那些很优秀的科学家，他们非常有智慧，有胸怀，跟这些人打交道不累，境界也会有提升，甚至灵魂会得到净化，社会责任感更强。跟他们在一起，就是做事情，就是培养学生。"高颖老师说，专注地做科技教育，幸福感很强。

　　正是在学校的支持、导师的指导、一线科技教师的关注下，才使得"后备人才计划"培养、造就了一批科技后备人才，为我国从人才大国迈向人才强国，为科技人才梯队建设贡献了力量。

使命篇

探寻科技人才素养

　　我国的科学教育是，从小学到大学，往往习惯于让学生做有明确答案的题，对于那些开放式的、多选择的、不是只有唯一结论的题，学生可能要到大学才能接触到。《国家中长期教育改革和发展规划纲要》提出，在人才培养体制改革上要更新人才培养观念、创新人才培养模式，探索多种培养方式，形成各类人才辈出、拔尖创新人才不断涌现的局面。

　　"后备人才计划"正是通过为中学生提供参与科学实践的机遇和平台，积极引导青少年走近科学家、走进科学实践，进而了解真实的科学活动，激发他们探索自然奥秘的好奇心和从事科学研究的信心与动力。更为重要的是，青少年通过与科学家的面对面交流与合作，尤其是通过参与实验室科学研究活动，进而走进科学家的科学与生活世界，使他们不仅了解科学家的工作成果及其社会价值，更了解科学家的工作方法、思路与过程，了解他们的思想、人格、情感、态度和价值观，甚至还包括他们曾经失败的教训，这些对于培养拥有健全人格和人文关怀的创新型科技人才具有重要意义。严纯华院士曾表示："培养具有科学思想、科学素质及科学文化和科学道德的人才，'后备人才计划'让这个时间表提前了，对这些孩子来说，也能够让他们尽快、尽早培养正确的人生观"。

　　如何进一步培养有创新思维能力的高素质学生，如何使我国的高中科学教育更好地与世界接轨，这些都是教学工作者特别要思考的问题，也是"后备人才计划"的初衷。

　　"后备人才计划"强调对青少年创新思维的培养，正是抓住了青少年培养工作的"牛鼻子"。对于青少年学生而言，要培养自己独立的思考意识，这样才能增加学习思考的主动性。对于自然科学的研究必须追本溯源，才能摸索到其规律，如果能跳出自己本来的专业去选题，必然会有新的成效，进而探索出解决问题的方法。跳出自身熟悉的专业，就意味着摆脱原有的习惯性思维，从别的领域寻找思路。

　　景山中学学生、"后备人才计划"第3期学生杨歌选择的科研课题是"六足仿生机器人的设计与实验"。尽管这个项目前辈们已经做过，但在与导师的交流过程中，他提出，不想拘泥于简单重复前人的实验过程，而是想在他们研发的基础之上，尝试解决前人没有解决的问题。

　　在研究过程中，杨歌加入自己的创新因素，让实验作品有进一步的改善。2005年，杨歌研制的"自主地形自适应六足仿生机器人"项目获得成功，他也因此获得了中国科协"明天小小科学家"的称号。随后，在李惠兰老师的鼓励下，杨歌往更深层次的小型两足机器人领域开展研究。2005年，杨歌的两足机器人项目在英特尔国际科学与工程大奖赛中获得二等奖，是当时国内参赛选手取得的最好成绩。同年，杨歌荣获"北京市青少年科技创新市长奖"。

　　杨歌提到，在参与"后备人才计划"过程中，最难的就是如何自己独立策划并实施一个科研项目，这也是他通过"后备人才计划"锻炼而获得的最大收获。可见，创造性思维的形成必须经过自觉的培养和训练，必须积累丰富的知识、经验和智慧，必须敢为人先、勇于实践，善于从失败中学习，才能获得灵感，实现思维的飞跃。

　　科学素养是基础性的，但又是本质性的、不可缺少的，所以"后备人才计划"注重对学生科学素质的培养，首先强调学生必

使命篇

▲邓希贤教授和学生们一起讨论问题

须具备一定的、结构合理的、扎实的基础知识，以及对知识的记忆、理解、表达和运用的能力。这种基础一旦形成，将在头脑中产生初步的知识结构，构成科学素质的基础。

通过夯实基础知识、培养学生们的观察能力，"后备人才计划"能很好地提升入选学生的科学素养。在此方面，入选学生赵舒萌的事例很具有代表性。北京师范大学附属第二中学的赵舒萌入选第5期"后备人才计划"，进入北京食品安全所进行科学研究，开始了这段独特的人生经历。

她在回忆当时参加"后备人才计划"的过程中，提到实验期间，她由于知识储备不足，曾花了大量的时间进行转基因的扫盲工作。对于没有任何转基因专业基础的赵舒萌来说，这是一次极大的挑战，她不得不花很多时间学习有关专业术语和基本知识，不断夯实自己的知识基础。虽然这是一个挑战，在不断地努力和导师的指导下，她克服了困难，科研项目也取得了成功。后来，她的研究成果获得了第 26 届北京市青少年科技创新大赛一等奖。

对于赵舒萌而言，这是一个体验、学习和提高自身科学素养的过程。实验室严谨的学术氛围、严格的管理制度、充满人文关怀的工作环境、积极团结的工作态度，每时每刻都在影响着她，每周一次的学术交流讨论会让她感受到科学的魅力，受益匪浅。实验室的科研经历，不仅使其学到专业知识，培养了实验技能和科研方法，更重要的一份收获是使她接受了科学思想和科学精神的洗礼与熏陶，激发了对前沿科学技术的兴趣，并且磨炼了持之以恒的精神。

除了注重学生基础知识的培养外，"后备人才计划"还注重提升学生对于事物的观察力。为此，从充满好奇心和科研兴趣的青少年转变为年轻有为的科技后备人才，最关键的一条是要为他们提供从事科研实践锻炼的机会和平台。只有在实践中才能培养出学生的动手能力，并真正让他们的好奇心和科研兴趣得到激发和释放。因此，"后备人才计划"将"激发科研兴趣，锻炼动手能力"作为人才培养的重中之重。

但是，一个人不是仅凭兴趣、爱好、聪明的头脑，甚至包括优秀的创新思维和很强的动手能力，就可以在科学领域取得成功的。科学在大多数时候是一项艰苦卓绝的事业，它需要人们为之付出艰辛的劳动。现就读于美国斯坦福大学的王建斌，曾在 2003 年北京青少年科技创新大赛上获得一等奖。他表示："真正的科研是非常枯燥、艰辛的，但是科研过程可以磨炼人的意志，帮助一个人坚持下来。""后备人才计划"第 3 期入选学生、现为北京积水潭医院急诊科医生的刘耕认为，"后备人才计划"是素质教育的一种很好的实践模式。参与这个"后备人才计划"，锻炼的不光是动手能力，更重要的是端正的科学态度，以及寻找问题、思考问题和解决问题的能力，这对一个人素质的全面提升，是一般应试教育所不能达到的。

"后备人才计划"是对学生的综合素质的培养，不仅使学生体验到科学研究的乐趣，激发了学生的好奇心和探索精神，帮助

使命篇

他们了解了科学研究的方法与过程，锻炼了创新思维和动手能力，而且还培养了他们坚忍不拔的品质和实事求是的学术作风，以及对科学的责任感。

（三）创新（未来）

使命篇

近年来，国内外的中小学科技教育从理念到具体的教育教学实践，都发生了深刻的变革。

当前，世界范围的中小学科学教育改革的热点问题和未来趋势体现在以下几个方面。一是基于 PISA 科学素养测试审视科学教育内涵，着眼未来生活挑战，培养学生科学素养；二是理解科学的本质，解决科学教育积弊；三是基于 STS 教育，探寻科学教育新范式，建立科学、技术与社会的融洽关系；四是建构科学大概念、核心概念，提升学生解决问题的能力。

如何更加有效地利用北京市的优势资源，完善运行机制，更好地引导学有余力、对科学有兴趣的青少年学生参与其中、进行科研实践、最终成长为优秀的科技人才，"后备人才计划"还需要进一步完善机制，理顺流程，并进一步扩大影响力和认知度，同时进一步提高质量。

对"后备人才计划"未来的发展，吴岳良院士认为，从国家层面来说，开展如"北京青少年科技后备人才早期培养计划"活动，是科技人才发展战略的需要，青少年如果可以更早地接触科学前沿，可以激发他们对科学的兴趣和对科学的热爱。对那些有志于投身科学事业的青少年，从培养到成才可以缩短更多的时间，在科学探索的道路上走的弯路也会更少。值得注意的是，首先，"后备人才计划"与现有的教育体制有着不同的评价模式和体系，应考虑二者如何有机结合、如何进行平衡；另外，"后备人才计划"可以覆盖到更加广泛的面，使得一些普通学校的学生能够参与其中；最后，在科研院所，许多科研人员的科研任务也十分繁重，怎么能让他们认识到科技后备人才培养的重要性，愿意花更多时间来做这项有意义的工作，这也需要加强宣传。

在吴岳良院士看来，国外对科技后备人才的早期培养做得比较好，他们的理念是：一方面，科技本身发展需后继有人，需要及早培养优秀杰出的后备人才；另一方面，科研经费都是纳税人的钱，回馈社会也是理所应当。在美国一些科研机构的实验室、各个大学都会获得这样的专项基金，专门用来支持中学生参与科研实践活动。

　　"我国目前在国家层面比较重视推动科技后备人才的培养，而在国外已建立起有效的机制。并且科学家们在这方面的意识也比较强，往往会积极主动吸纳优秀的年轻人参与一些科研实践活动。"吴岳良院士说，中国科协长期以来比较重视科学传播，在中国科协的倡导之下，有关部门开始重视科学传播。中国科学院学部也一直比较重视科学传播，有越来越多的院士和科研人员参与其中，但还需要多方面联合起来，使其形成一个整体，由全社会共同来推动。

　　对于"北京青少年科技后备人才早期培养计划"，严纯华院

使命篇

▼走进扎龙野外科考活动

士认为，"培养具有科学思想、科学素质及科学文化和科学道德的人才，'后备人才计划'让这个时间表提前了，对这些孩子来说，也能够让他们尽快、尽早培养正确的人生观。"同时，他对活动本身也提出了一些建议。在学生进入实验室的时候，自己从来不会承诺他们做的研究将来可能会获奖，但事实上，只要在实验室坚持做完了研究的人，几乎人人都能够在北京市、全国甚至国际上得奖，这其实是个水到渠成的过程。"于是，越来越多的学生把这样的科技活动，当成了进入高校的'敲门砖'，功利心越来越强。创新力的提高是有其自然规律的，而功利色彩的增强，与整个社会的浮躁心态相关。"这让严纯华院士感到十分担忧。他说："其实很多孩子本身并没有功利心，他们都很聪明，真的是学有余力，并且纯粹的只是想做科学研究。但是他们背后的家长和老师，却可能有些功利想法，这是需要避免的。"

在邓希贤教授看来，"北京青少年科技后备人才早期培养计划"总体上已经比较规范，今后的工作重点是依次抓好科研实践活动的每个环节，比如实验设计阶段，要针对各种可能出现的情况，周密安排对照实验（包括复证、旁证甚至反证与证伪）。此外在动手做实验前，最好还要依据自己的科学设想和预期实验结果，多方设想几个可能的切入点，以及首选和备选的几套实验方案，这样才不至于当一个方案走不通了再临时"抓瞎"。邓希贤教授认为，一个人要把所有科研环节都抓好是很难的，但可以集合各个学校、实验室的做法，看看专家导师们都有哪些方面的心得，聚沙成塔，最后加以综合，总结出一套比较成熟的经验来推广。

对于"后备人才计划"的规模问题，邓希贤教授也有不同的看法，"科协最大的优势是拥有丰富的科技资源，这就决定了我们要把重点放在搞精品上。培养科技后备人才，有一个由点到面的过程，但如何扩大到面还得以教委为主。我们的任务最好以打造精品为主，借此去探索人才成长的规律。"邓希贤教授认为，在不断创造出可资借鉴的经验以后，进一步的普及推广工作是教育部门之所长，最好以他们为主来做。

说到这里，他又提到了美国西屋人才选拔赛的经验。该项赛

使命篇

▲参与"后备人才计划"的学生施则威（左二）获得"明天小小科学家"称号

事从 20 世纪 40 年代开始举办，全美参加科研实践活动的学子很多，但每年都只选拔 40 个学生进入终评，这 40 个学生一般会受到总统接见，参观高科技研究单位，参评的专家是学生的好几倍。通过与专家们频繁地交流，学生们都受益匪浅。然而，当前中国的各项科技赛事规模不断扩大，可能导致参赛学生和评委们接触的时间缩短。但学生和各位评委老师进行较长时间的接触和深入交流对于活动的成功非常重要。

对于"后备人才计划"未来将如何更好地开展，北京师范大学科学传播与教育研究中心李亦菲副教授认为：基础教育阶段的科技后备人才培养要处理好内部驱动与外部支持、学科学习与科技实践、素养发展与实践成果三组关系，分别涉及人才培养计划的主体、内容和目标三个方面。

▲参与"后备人才计划"的学生在德国纽伦堡国际发明展上向参观者介绍自己的成果

　　在培养主体方面，要进一步增强学生的主体意识，将学生的主观愿望和动机放在第一位，将学校、科研机构、科技企业等外部支持放在第二位。在遴选培养对象及开展培养工作的过程中，要特别重视青少年对科技事物或现象的好奇心及对科技工作的使命感，缺乏这些内部驱动力，再好的外部支持也不会产生预期的效果。

　　在培养内容方面，"后备人才计划"中设置的实践活动要立足于学生的学科学习基础，有效地促进他们学科学习的扩展和深化。要尽量避免将学生贸然引入大大超越其知识基础的高精尖科技研究项目中，使他们的实践活动难以深入科研的核心，流于外围的操作和表面的形式。

　　在培养目标方面，"后备人才计划"要针对每一个学生的实际情况，确定适合的培养目标。培养目标要以学生的素养发展为核心，不宜过分强调实践成果，更不要刻意追求竞赛获奖。在学生的素养目标中，除从事科技创新实践所需的知识、方法和工具使用技能以外，要重点关注创新思维能力和创造性人格。

对此，李亦菲副教授也表达了自己的看法："后备人才计划"除了面向少数学有余力、具备从事科技创新工作的意愿和潜质的学生外，还应通过高端科普讲座、典型案例宣传、学员辐射带动等方式，让更多的学生了解具体内容和实施方式，主动参与到"后备人才计划"中来。

"一年之计，莫如树谷；十年之计，莫如树木；终身之计，莫如树人。"

"后备人才计划"作为一项成功的青少年科技教育、科技后备人才培养模式，在诸多方面都发挥了很重要的作用，一批批热爱科学的青少年不断成长、成才，为国家及首都建设提供了重要的人才支撑。"后备人才计划"的质量之所以能够得到保证是因为有高水平的专家团队共同参与，之所以能够产生成效，是因为坚持长期实施。正是院士、专家、导师、学校、科技教师身上所肩负的责任，是对青少年人才培养的一种使命，才使得我们相信，在未来，"后备人才计划"将进一步发展完善，收获更多辉煌！

使命篇

二十年累计,
参与者数以千计,
活动内容日益丰富;

二十年发展,
人才选拔更具权威,
组织管理更趋科学严谨;

二十年成长,
有汗水
有泪水
更充满欢笑;

二十年沉淀,
影响力遍布全国

1997

1997 年 1 月 28 日，北京市科协青少年部组织"青少年走进实验室"活动 ▲

1999 年，中科院院长路甬祥院士、中科院王缓琯院士等与青少年进行科技 ▼
联谊座谈会

1999

2000

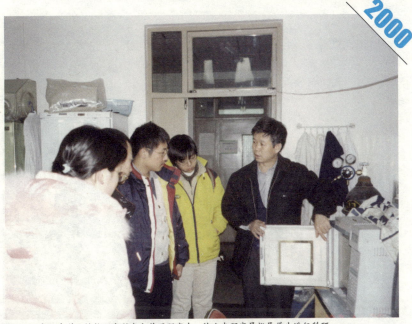

▲ 2000 年，中科院植物研究所光合作用研究中心许亦农研究员指导学生进行科研

▼ 2001 年，王绶琯院士与学生交流

2001

精彩回顾

2002

2002 年，学生在内蒙古多伦县进行沙漠地带植被考察 ▲

2003 年 8 月 11 日，中科院地理与资源研究所陈同斌研究员指导学生考察 ▼
砷污染情况

2003

精彩回顾

2004

精彩回顾

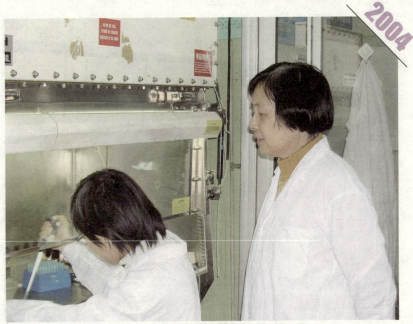

▲ 2004 年 11 月 28 日，"后备人才计划"学生在实验室导师指导下操作科学实验

▼ 2005 年 8 月 4 日，北京青少年科技俱乐部开展中外科学家与青少年面对面活动

2005

北京青少年科技俱乐部中外科学家与青少年面对面

2006

2006年1月，第5期"后备人才计划"学生在导师指导下做研究

2006年9月9日，第6期"后备人才计划"
开展学生交流会活动

2006

精彩回顾

2007

▲ 2007 年，"后备人才计划"组织学生进行野外考察

▼ 2007 年 1 月 29 日，"后备人才计划"组织学生参观实验室

2007

精彩回顾

人才2**0**年　北京青少年科技
后备人才早期培养计划

2008

2008 年 9 月 13 日，第 8 期北京青少年科学探索专项资金项目论证会现场 ▲

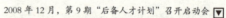

2008 年 12 月，第 9 期"后备人才计划"召开启动会 ▼

2008

精彩回顾

2009

▲ 2009 年 1 月 17 日，第 9 期青少年科技后备人才集训班学生合影留念

▽ 2009 年 6 月 12 日，第 9 期"后备人才计划"召开工作研讨会

2009

人才**20**年 北京青少年科技
后备人才早期培养计划

2010

精彩回顾

2010 年，"后备人才计划"组织野外科学考察活动 ▲

2010 年 9 月 7 日，北京市科协在北京市第十二中学举办了"奋斗与机遇 ▼
——郝柏林院士报告会"，这是后备人才计划"我与院士面对面"青少年科普
报告会系列活动的开篇之作

2010

▲ 2011 年 3 月 19 日，中国科学院院士饶子和为青少年作科普报告

▼ 2011 年 7 月，"后备人才计划" 20 余位师生到延庆松山国家级自然保护区
进行野外科学考察活动

精彩回顾

2012 年 3 月 19 日，中国科学院院士严陆光与北京师范大学附属实验中学学生面对面作题为 ▲
《做人、做事、做学问》的报告

2012 年 6 月 21 日，中国工程院院士金涌在北京市京源学校为师生作完报告后 ▼
与学生亲切交谈

▲ 2013 年 1 月 11 日，第 13 期"后备人才计划"召开启动会

▼ 2013 年 11 月 8 日，第 13 期"后备人才计划"召开中期总结会

精彩回顾

2014

2014 年 7 月 22 日，获得住友化学投资（中国）奖学金的师生与相关领导合影。▲
住友化学投资（中国）有限公司提供 100 万日元奖励在"后备人才计划"中表现突出的师生

2014 年 12 月 27 日，"后备人才计划"举办多学科师生交流会 ▼

2014

▲2015年，"后备人才计划"组织学生走进高校实验室

▽　　2015年7月26日至8月1日，"后备人才计划"组织学生开展"走进地球之肾
　　　——湿地"暑期野外科学考察活动

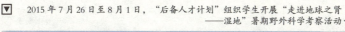

人才2〇年 北京青少年科技
后备人才早期培养计划

2016

2016 年，在"后备人才计划"组织的寒假野外科考中的优秀团队 ▲

2016 年 1 月 16 日，北京理工大学教授刘越在第 16 期"后备人才计划"启动 ▼
会上发言

2016

▲ 2017 年 1 月 18 日，高校、科研院所的实验室老师们与第 17 期"后备人才计划"学生进行寒假活动对接

▼ 2017 年 1 月 19–20 日，"后备人才计划"拔尖试点工作集训班 I 期举办

精彩回顾

人才2○年
北京青少年科技
后备人才早期培养计划

后备人才
计划流程

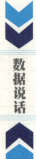

（上年）12 月报名

3 月开题

学生选择研究课题，
撰写开题报告

1 月启动

与实验室对接，进入实验室

$\sqrt{X-6}$

北京青少年科技
后备人才早期培养计划 人才2O年

4~11 月 实践并完成研究

撰写、修改论文，
填写中期调查表

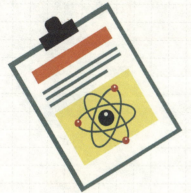

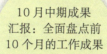

4 月第一次中期
调查，检测学生在寒
假期间的工作成果，对
后期工作做出调整和
安排

9 月第二次中
期调查，检测学生
在暑假期间的工作成
果，对后期工作做出
调整和安排

10 月中期成果
汇报：全面盘点前
10 个月的工作成果

数据说话

12 月开始汇报成果

学生活动感想、论文、影像资料
（照片 3~6 张、录像等）

◇◇ 参与基地校 ◇◇

　　"后备人才计划"基地校的范围已经覆盖了北京师范大学附属实验中学、北京市第八中学、北京市第四中学、北京一零一中学、北京十一学校、北京理工大学附属中学、北京市第35中学、北京市广渠门中学等全市48所中学。

数据说话

12
海淀区

11
西城区

10
东城区

4
朝阳区

2
丰台区

2
石景山区

7
= 其他区
（怀柔区、平谷区、昌平区、大兴区、房山区、通州区、门头沟区）

远郊区共 **7** 家

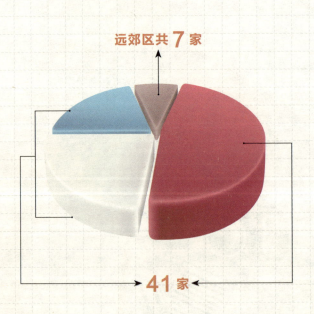

41 家

◇◇参与学生人数◇◇

2012 年，第 12 期"后备人才计划"实现了跨越式的发展，入选人数从 2011 年的 130 人，增加到了 280 人。

到 2017 年，第 17 期"后备人才计划"入选学生人数预计为 356 人，保持了持续增长。

数据说话

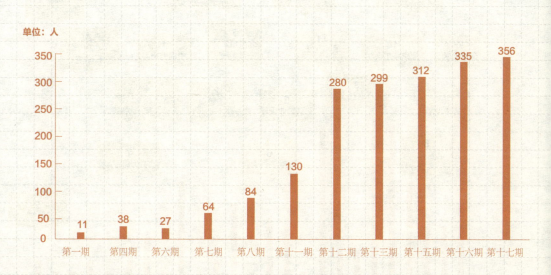

单位：人

第一期 11, 第四期 38, 第六期 27, 第七期 64, 第八期 84, 第十一期 130, 第十二期 280, 第十三期 299, 第十五期 312, 第十六期 335, 第十七期 356

◇◇ 参与实验室 ◇◇

2012 年，"后备人才计划"在实验室数量上实现了大幅增长，当期实验室数量从 2011 年的 55 家增加到 75 家，将"后备人才计划"实验室学科种类和数目都上升到了一个新的台阶。

到 2017 年，第 17 期"后备人才计划"的实验室已达到 122 家。

数据说话

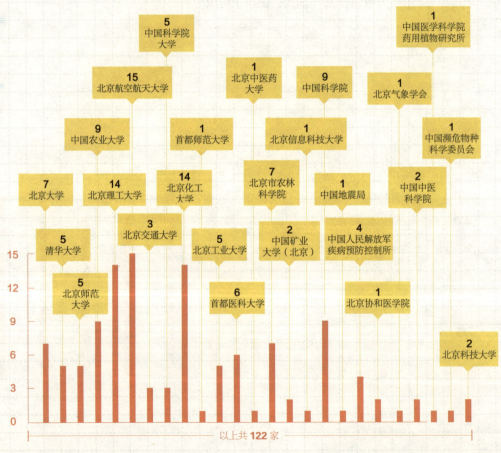

1 中国医学科学院药用植物研究所

5 中国科学院大学

1 北京中医药大学

9 中国科学院

1 北京气象学会

15 北京航空航天大学

9 中国农业大学

1 首都师范大学

1 北京信息科技大学

1 中国濒危物种科学委员会

7 北京大学

14 北京理工大学

14 北京化工大学

7 北京市农林科学院

1 中国地震局

2 中国中医科学院

5 清华大学

3 北京交通大学

5 北京工业大学

2 中国矿业大学（北京）

4 中国人民解放军疾病预防控制所

5 北京师范大学

6 首都医科大学

1 北京协和医学院

2 北京科技大学

以上共 **122** 家

50

◇◇参与导师人数◇◇

目前，有来自北京大学、清华大学、中科院等22所高校、科研院所的162名导师直接参与"后备人才计划"的科学探究实践活动的指导，他们以知识和对学生的爱，培育着中国的科技后备人才。

数据说话

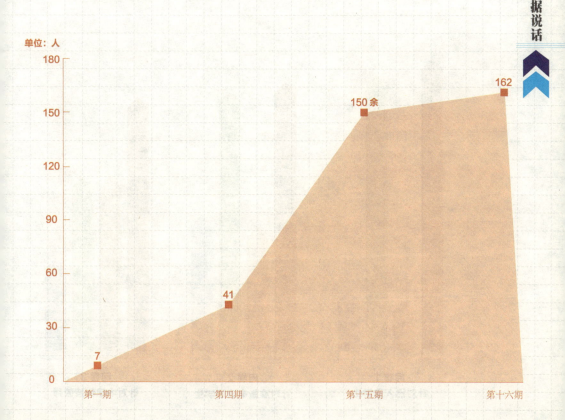

单位：人

◇◇实施成效◇◇

为了全面深入地了解"后备人才计划"的实施情况，分析其影响和效果，北京市科协针对参与"后备人才计划"的中学、高等院校和科研院所的中学生、科技教师与专家、导师进行了全面调研。

数据说话

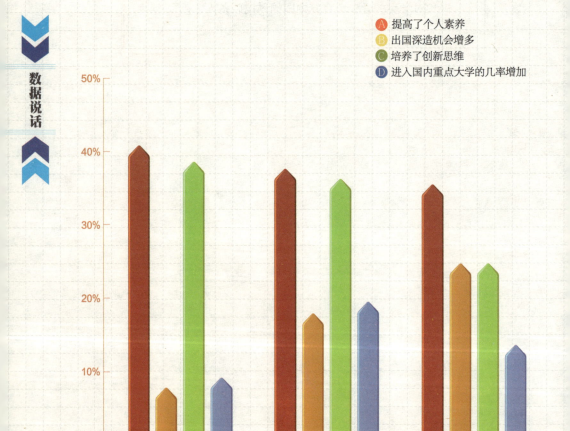

A 提高了个人素养
B 出国深造机会增多
C 培养了创新思维
D 进入国内重点大学的几率增加

问卷 1
针对已入选学生

问卷 2
针对准备申请的学生

问卷 3
针对中学科技教师

52

Ⓐ 收集整理和分析信息的能力
Ⓑ 多角度思考问题的能力
Ⓒ 自主解决问题的能力
Ⓓ 科研项目策划的能力

问卷 1 针对已入选学生

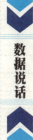

数据说话

Ⓐ 收集整理和分析信息的能力
Ⓑ 多角度思考问题的能力
Ⓒ 自主解决问题的能力
Ⓓ 科研项目策划的能力

问卷 3 针对中学科技老师

　　问卷调查结果显示，在微观层面上，学生和科技教师均认为，参与"后备人才计划"使得学生"收集整理和分析信息的能力""多角度思考问题的能力""自主解决问题的能力""科研项目策划的能力"等方面均得到了提高。从宏观层面看，学生和科技教师均一致认为，参与学生的"科学素养"和"创新思维"得到了提升。"后备人才计划"重在提高青少年科学素养和培养其创新思维能力的初衷，得到了很好的实现。

◇◇学生走向◇◇

为进一步掌握"北京青少年科技后备人才早期培养计划"培养学生的走向，科学合理地制定人才发展规划。2016年，在各基地校的大力支持下，面向曾参与后备人才计划培养的学生开展了专项调研。

数据说话

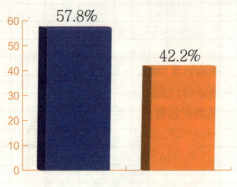

调研活动男女获奖比例

本次参与调研人数为 592 人

■ 男生 342 人
■ 女生 250 人

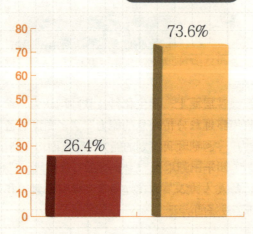

参与学生升学情况

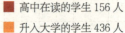
■ 高中在读的学生 156 人
■ 升入大学的学生 436 人

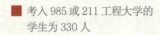

升入大学学生情况

根据 436 位升入大学的学生情况

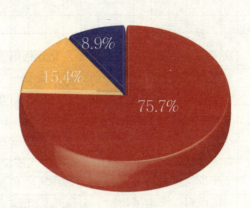

- 考入 985 或 211 工程大学的
  学生为 330 人
- 出国的学生为 67 人
- 非重点院校的学生为 39 人

8.9%
15.4%
75.7%

数据说话

参与科技活动统计

根据参与调研的 592 位学生情况统计结果显示

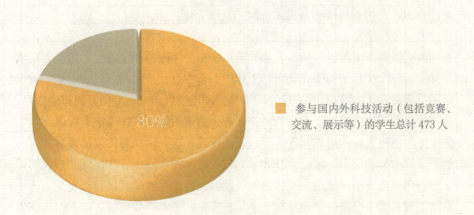

80%

- 参与国内外科技活动（包括竞赛、
  交流、展示等）的学生总计 473 人

　　注：调研主要针对 2011—2015 年（5 年内）第 11 期至第 15 期各基地校
"后备人才计划"的参与学生。本次参与调研人数为 592 人。

高水平专家团队共同培养
科学新苗茁壮成长

　　青少年科技后备人才的培养，属于"国之大计"。为此，北京市科协在众多科学家的倡议和支持下，充分利用中央在京科研院所的资源优势，大力发现和培养有志于科学研究的优秀青少年，建设科技人才后备梯队。"北京青少年科技后备人才早期培养计划"自开展以来，二十年间，邀请了一大批来自中科院和高校的院士等专家参与。例如，王绶琯、王乃彦、匡廷云、叶铭汉、吴岳良、严纯华、邓希贤、周曾铨等一批著名科学家直接参与到"后备人才计划"之中，确保了"后备人才计划"的质量始终处于较高的水平。

　　许多老科学家不遗余力地投入到培养青少年工作上，为早期发现和引导未来的科学家探索道路，为培养21世纪的科技后备人才而呕心沥血。例如，天文学家、中国科学院院士、北京青少年科技俱乐部发起者王绶琯以耄耋之年，始终坚持不懈地探索，亲自领导和参与学生的培养工作；物理学家、中国科学院院士陈佳洱及核物理学家、中国科学院院士王乃彦虽然已经年过八旬，但二十年来，在承担着很多教学科研任务和繁忙行政事务的同时，他们始终关注着国家在培养科技后备人才方面的发展变化。

　　老一辈科学家发挥正能量的引导作用，这也感染着年轻一辈的科学家，纷纷加入到培养青少年科技后备人才的队伍中来。中国科学院院士、国科大副校长吴岳良在繁忙紧张的研究和日常工作中，千方百计挤时间，致力于推动青少年科技后备人才的培养。他在中科院卡弗里理论物理研究所专门开展拓展项目，选择优秀中学生进行前沿科学的科普训练，邀请国际知名物理学家授课。为中学里拔尖创新人才的培养与选拔开启新的模式，这一活动对传统的课堂教育起到了良好的辅助作用。现任南开大学副校长的严纯华院士，在担任北京大学稀土材料化学及应用国家重点实验室主任期间，该实验室是首批首都青少年课外活动基地，迄今已向中学生开放十余年，实验室每年都会接收2~5名参与各类中学生科技项目和"后备人才计划"的中学生。十多年来，严纯华院士亲自参与指导，迎来送往了一批又一批的中学生，可以说是硕果累累，桃李满天下。他指导过的学生，有的已进入大学、研究院，得到了深造提升机会，有的已经顺利走上科研之路，成为青年科技人才。除了院士以外，"后备人才计划"还吸纳了一大批在科研一线的高等院校和科研院所的专家、教授参与。他们在承担着国家重点科研课题的情况下，欣然接受聘请作为入选学生的科研导师，不辞辛苦、不计报酬，以满腔的热情为托起中国科学明天的太阳殚精竭虑。让青少年得以从确定课题研究项目开始，接受各种科技文化知识的熏陶，开展有益的科学实验活动、课外的科技活动、户外的观察活动，以及有启发性的科技竞赛活动。

正是有了一批院士、专家的热情支持、亲自指导，使"后备人才计划"的质量得到重要的保障。在"后备人才计划"所开展的一系列科技实践活动中，北京市科协始终坚持以青少年为中心，坚持以专家为重心，充分发挥科协桥梁和纽带的作用，通过座谈会、研讨会及上门访谈等形式，多方面听取专家的建议，及时安排各类科研探索活动，拓宽青少年的视野，提升青少年的科学素养，着力打造"后备人才计划"品牌。

殷切关怀

▼ 院士专家说

【殷切期望】

王绶琯

天文学家、中国科学院院士、北京青少年
科技俱乐部发起者

要重视科技俱乐部这个"小分队"

"科学素质教育"从大的方面讲，属国之大计。它首先是基础的素质教育，也就是"做人的素质"教育，应当面向全民，放在义务教育时期的初中阶段是合适的。这个层次的科学素质教育应当是普遍培养学生尊重科学的习惯、理解科学的能力和关心科学的感情。在校园里可以表达为"学科学、爱科学"的自觉和风尚。

接下来的是高层次（科技精英预备队伍）的科学素质教育。科技精英的第一次创造性高潮平均发生在二十几岁。所以"科学苗子"的发现和扶植应当在高中时期。这一时期的素质教育，是"做人兼做事"的素质教育。

北京青少年科技俱乐部作为"准民间"的组织，角色好比是主力外围的一个民兵小分队，尝试担任一定的探索任务，类似于侦察兵，不过是志愿者性质的。像北京青少年科技俱乐部活动委员会这样的"大手拉小手"志愿者小分队形式，它由多个科教部门共同支持，这种方式希望得到重视和发展。

▼王绶琯院士与北京青少年科技俱乐部会员亲切交谈

殷切关怀

陈佳洱
物理学家、中国科学院院士、北京青少年科技创新市长奖评审委员会主任

让科学精神在青少年心中扎根

我的中学时代，正值抗日战争胜利和解放战争动荡不安的岁月。在我的同班同学里，走出了中国工程院院士、核物理专家钱绍钧将军，美国著名的伯克利大学华裔校长田长霖等学术界的名人，而且当年我们三人的座位彼此相邻。我想，我和他们能取得今天的成就，或许可以归功于我们的班主任，一位从清华大学毕业的化学老师，以及几位在大学兼任讲师的物理学和生物学的老师，他们在我们心中播下了科学的种子。

现在，"后备人才计划"为今天的青少年提供了远比我们更为优越的环境。得益于优秀科学家的指导，年轻一代有可能更好地实现自己在科学研究方面的梦想，并取得出色的成绩，

▼陈佳洱院士为青少年科技创新大赛获奖选手颁奖

还可以学到科学研究的思路、方法与技巧。

不过相比于此，科学家身上蕴含的热爱祖国、献身科学和服务人民的精神，更值得青少年学习。特别是在这个人们狂热地争名逐利的浮躁的社会里，科学家淡泊名利和甘于奉献的精神就显得更为珍贵了。居里夫人的伟大，不仅在于她发现了新的放射性元素和两度获得诺贝尔奖，更在于她没有将自己的发现垄断起来获取商业利益，而是宣布自己的科研成果属于全人类。她还将一种与丈夫共同发现的新元素命名为"钋"，以纪念当时被沙皇俄国、德国和奥匈帝国瓜分的祖国波兰。爱国和淡泊名利这两种精神，正是居里夫人能够被千千万万的人所景仰的关键原因。

因此，"后备人才计划"或许应当引入筛选导师的机制，使青少年能够与真正具有科学精神的专家一起工作。让青少年取得先进的科研成果可能不是这项计划的主要目的，我们更希望青少年通过在科学家身边工作和学习的经历，让纯洁无瑕的科学精神在他们心中扎根。

殷切关怀

顾秉林
物理学家、中国科学院院士、北京市科学技术协会主席

鼓励青少年"捕捉"住好奇心

青少年要从事有价值的科学活动，有三个要素很重要。首先是好奇心，要对研究的问题真正感兴趣，有一种要弄明白的劲头；第二是想象力，要敢于设想，敢于创新，突破习惯思维的束缚；第三是批判精神，要敢于质疑，敢于挑战权威。

这当中，好奇心是基础。总体上说，我们的教育注重知识传授，注重基本功的训练，对于好奇心和问题意识的培养不足。而事实上，每个孩子成长的过程中，都会对某些方面的事物和问题感到好奇。可以说，这种好奇其实总是在发生的，而关键是如何鼓励和支持他们去捕捉住这种好奇，并帮助他们用科学的方法去追求探索答案。

"后备人才计划"正扮演了这样的角色，激励越来越多的青少年在好奇心的驱使下，敢于挑战，勇于创新，坚持不懈地探索真知。

【建言献策】

严纯华
中国科学院院士、南开大学副校长

殷切关怀

"导师筛选"环节需加强磨合

早期中学生进高校实验室，主要是各校的老师负责联系。北京青少年科技后备人才早期培养计划开展后，就有了一套完整的学生报名、学校推荐、科协审核、导师筛选的机制。这套机制已经比较完备，但是就"导师筛选"的环节，还有需要改进的地方。

目前的流程是，经科协审核后的学生名单，附上各个学生的基本情况介绍后，交到指导老师手中，并安排学生与导师见面，而在见面当天，导师就要从中筛选出可进入实验室的学生。这样的筛选过程可能让导师无从下手，因为根本不可能在这么短的时间内，就了解到每个学生的具体情况，筛选起来也比较盲目。

导师跟学生之间需要有磨合过程，英文称之为 rotation，原意为循环转动，在此处主要指学生应该在几个实验室之间轮转了解。希望学生能在其选定的三个实验室里，与导师起码要有两次以上的讨论，有话则长，无话则短，这样导师能了解学生，学生也能更多了解导师及实验室，双方就可以有更多的选择。

就我个人而言，首要看重的就是学生的想法。学生有什么样的想法，他想做什么事情，适不适合在这个实验室做，也许我听了他（她）的想法后，可以推荐他（她）去一个更合适的实验室。

学生有多少时间能到实验室来也很重要。学生带着满腔热忱和一大堆问题进到实验室，我就想要知道他（她）有多少时间来做这些事情。因为科学研究是需要投入的，凡是那些能坚持到最后的，尤其是

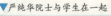
▼严纯华院士与学生在一起

还能获奖的学生，往往都投入了大量的时间。而被推荐的学生大多都很优秀，他们可能还参加了其他各种各样的活动和比赛，时间势必被分散掉了，如果不能集中精力做一件事情，就不适合到实验室里来。如何经济、节约、安全地往返实验室，也很重要。我能确保学生在实验室时的安全，但是学生在公共交通等方面的安全就难以保障，于是这也成了选择学生时需要考量的内容。

学生的职业取向也非常重要。在现今社会，除了孩子想要做什么，家庭对孩子的职业期望也很重要。假如父母和孩子都不想以科研为职业，在高中这个宝贵时期偏要来做点实验，不如让孩子学点其他知识，这才有利于孩子的发展。

吴岳良
理论物理学家、中国科学院院士、
中国科学院大学副校长

扩大后备人才培养的覆盖面

从国家层面来说，开展如"北京青少年科技后备人才早期培养计划"等活动，是科技人才发展战略的需要，青少年如果可以更早地接触科学前沿，可以激发他们对科学的兴趣和对科学的热爱，对那些有志于投身科学事业的青少年，从培养到成才可以缩短他们更多的时间，在科学探索的道路上走的弯路也会更少。

值得注意的是，首先，"后备人才计划"与现有的教育体制有着不同的评价模式和体系，相关部门应考虑二者如何有机结合、如何进行平衡；另外，"后备人才计划"可以覆盖到更加广泛的面，一些普通学校的学生数量往往更加需要提升；最后，对科研院所方面，许多科研人员的科研任务也十分繁重，怎么能让他们认识到科技后备人才培养的重要性，愿意花更多时间来做这项有意义的工作，这也需要加强宣传。

国外对科技后备人才的早期培养做得比较好，他们的理念是：一方面，科技本身发展需后继有人，需要及早培养优秀杰出的后备人才；另一方面，科研经费都是纳税人的钱，回馈社会也是理所应当。在美国一些科研机构的实验室、各个大学都会获得这样的专项基金，专门用来支持中学生参与科研实践活动。

我国目前在国家层面比较重视推动科技后备人才的培养，而在国外已建

殷切关怀

▲吴岳良院士与中学生交流科学问题

立起有效的机制。并且科学家们在这方面的意识也比较强，往往会积极主动吸纳优秀的年轻人参与一些科研实践活动。北京市科协长期以来比较重视科学传播，在北京市科协的倡导之下，有关部门开始重视科学传播。中国科学院学部也一直比较重视科学传播，有越来越多的院士和科研人员参与其中，但还需要多方面联合起来，使其形成一个整体，由全社会共同来推动。

邓希贤

中国医学科学院基础医学研究所前所长、"北京青少年科技后备人才早期培养计划"顾问

把引导创新思维贯穿到每个环节

"后备人才计划"不但使众多中学生受惠，对于探索青少年科技人才的培养规律也积累了宝贵经验。中学生进重点实验室，完成一件科技作品，并拿去参加创新大赛，比的主要不是成果，而是创新思维和创造能力。因此，活动并不是要刻意让学生普遍接触前沿科学——如果有学生具备这个条件当然也不反对，但毕竟只有少数学生才可能做到，对于多数学生来说，主要还是从身边的问题着手，运用所掌握的科技知识来加以解决。

要通过科研实践活动的每个环节，着力培养学生的创新思维能力。帮助青少年从中学习大师们如何去提出并思考问题，又如何别出心裁地去解决这些问题，从而发现了"前所未知"或发明了"前所未有"，最后实现了"创新"。同时还让他们明白，原来创新始于不一样的思考和变革，它并不神秘，也并非科学大师们的专利，只不过是对旧的观念和事物做些适当的变革而已。

　　"后备人才计划"最需要的就是引导学生学会独立思考，以培养其创新思维能力，应该把这一做法贯穿到科研实践活动的每一个环节，比如学生选题宜小不宜大，关键在于有可供自由探索的空间，需要培养学生多角度思考问题和提出问题的习惯和修养，进行实验设计时，要多培养学生自主策划和解决问题的能力。

　　著名物理学家卢瑟福一年要带30个学生，他早中晚都要到实验室去巡视，如果看到学生始终都在埋头做实验，就会问学生"你什么时候来想问题"，凡是找他的学生，他首先会问"对于你提出的这个问题自己有什么想法"。中学生进实验室也应该这样，应当要求孩子们动手做实验之前要思考，做的过程中也要边观察、边思考，做完之后，总结与写论文时更要反复思考，而不能只管闷着头做实验。

　　总体来说，"后备人才计划"已经比较规范，今后的工作重点应该依次抓好科研实践活动的每个环节，比如实验设计阶段，要针对各种可能出现的情况周密安排对照实验（包括复证、旁证甚至反证与证伪）。此外在动手做实验前，最好还要依据自己的科学设想和预期实验结果，多方设想几个可能的切入点，以及首选和备选的几套实验方案，这样才不至于当一个方案走不通了再临时"抓瞎"。一个人要把所有科研环节都抓好是很难的，但可以集

殷切关怀

▼邓希贤教授参加第八期"后备人才计划"启动会

殷切关怀

▲邓希贤教授和学生们一起讨论问题

合各个学校、实验室的做法，看看专家导师们都有哪些方面的心得，聚沙成塔，最后加以综合，总结出一套比较成熟的经验来推广。

关于"后备人才计划"的规模，我认为北京市科协最大的优势是拥有丰富的科技资源，这就决定了我们要把重点放在搞精品上。培养科技后备人才，有一个由点到面的过程，但如何扩大到面还得以教委为主。我们的任务最好以打造精品为主，借此去探索人才成长的规律。在不断创造出可供借鉴的经验以后，进一步的普及推广工作是教育部门之所长，最好以他们为主来做。

这里也可以借鉴美国西屋人才选拔赛的经验。该项赛事从 20 世纪 40 年代开始举办，全美参加科研实践活动的学子很多，但每年都只选拔 40 位学生进入终评，这 40 位学生一般会受到总统接见，参观高科技研究单位。参评的专家是学生的好几倍，通过与专家们频繁地交流，学生们都受益匪浅。然而，当前中国的各项科技赛事规模不断扩大，可能导致参赛学生和评委们接触的时间缩短，但学生和各位评委老师进行较长时间的接触和深入交流对于活动的成功非常重要。

杨名甲
中国科协青少年科技中心专家委员会委员

各类青少年后备人才培养的计划或行动可整合起来进行

"北京青少年科技后备人才早期培养计划"可以说是硕果累累，社会反响良好。不过，由于"后备人才计划"重在选拔一批爱好科技的优秀高中学生进行重点培养，重在拔高，这样就容易在选拔人才的过程中，因门槛高、要求多，而错失一些奇才。

　　培养创新人才要面向全体学生、促进学生全面发展。青少年在学校通过学习基础课程可以掌握计算能力、语言能力、思维能力、分析能力、归纳能力、组织能力甚至社交能力，然而实践能力、运用能力、操作能力、自学能力还需要后续不断培养，才能逐渐掌握创新能力。显然，对于这样的一系列培养青少年各种能力的大工程，单靠"后备人才计划"或者某些活动并不能圆满完成，需要各项目之间联动起来。

　　目前许多人熟知的青少年科技创新大赛，从举办至今已经有了自己一套成熟、科学的培养模式。每年青少年科技创新大赛上的发明作品都要求具备科学性、先进性、实用性。青少年通过参加这一大赛，可以很好地锻炼发明创造的能力。而"后备人才计划"里的野外考察、青少年进实验室，以及国际交流等活动，可以提高青少年分析、解决问题的能力及思维能力等。这两者结合起来会在很大程度上激发出青少年的多项潜能，并促进他们全面发展。

　　一个恰当、科学的规划，对于"后备人才计划"同样适用。为了更好地开展这一项目，不妨召开多次有关的商讨和调研会。比如：可以邀请这一项目的主管单位、主办方、知名院校专家、教育机构相关人员一起座谈，共同探讨未来的发展道路，并请专家给予高端意见，促成这一项目各方面的顺利推进。

殷切关怀

▼杨名甲研究员观看青少年科技创新作品

【专家推荐】

王乃彦

核物理学家、中国科学院院士、北京青少年科技创新市长奖评委

殷切关怀

"君政基金"熏陶式的培养模式值得借鉴

在科技后备人才培养模式上，国内外有很多先进的方法和手段值得借鉴，我首推李政道先生的"熏陶"式培养计划。"君政基金"（全称为"秦惠君与李政道中国大学生见习进修基金"）是李政道先生及其亲属为了纪念李先生已故夫人秦惠君女士，于1997年捐赠私人储蓄建立的。该基金旨在资助入选的优秀大学本科生，其中至少应有一半女生，使他们有机会与活跃在第一线的国际高水平科学家接触，亲身体验他们的为人为学精神，被选中并顺利结束项目的学生命名为"君政学者"。

"君政基金"的培养模式，主要是将选拔的优秀大学生，送到国际重点实验室、世界知名大学教授甚至是诺贝尔奖得主的身边，为教授做助手，做实验记录，若没有具体的实验选题，教授做什么，学生就做什么。目的在于让学生亲身体验世界知名科学家的治学精神和科学态度，以及做人处事的风格。在大师的身边耳濡目染，学生获得的是人格品质的提升，以及对待科学严谨求实的精神，从而潜移默化地影响他的世界观、人生观！其实这种模式今后也可以在"后备人才计划"中运用。

▼王乃彦院士（左）、李泽椿院士（右）与北京青少年科技俱乐部会员交流

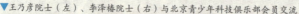

周曾铨

原北京大学生命科学学院院长、"北京青
少年科技后备人才早期培养计划"顾问

学习国外探索精神的培养

当前，国内的青少年科技教育形式
较为单一，学生创造力没有得到充分发
挥。对此，应该多借鉴国外好的经验。
比如在国外，学校是开放的，学生从小
就处于探索的氛围中。由于很注重探索
精神的培养，学校的老师通常会给学生
提出问题或由学生自己提问题，问题可
以五花八门，学生可以围绕这个问题自
己想办法解决。学生可以找家长、专家咨询，也可以自己想、自己做。随后，
学生、老师会一起讨论交流问题的答案，问题的答案可以多种多样，在老师
的鼓励下，学生写出短文登上刊物，进行更广泛的交流和探索。在这样的教
育模式下，孩子们思维广度、思维方法得到了很好的锻炼。

事实上从历年青少年活动中不难看出，青少年的思维很活跃，有很多新
的点子。然而，不少孩子缺少正确的引导。目前，中学里都有科技课程，正
确发挥和利用好这些课程对学生尤为关键。另外，很多青少年有科研想法，但苦于无法表达和发表，那么不妨由学校或者其他单位多鼓励他们自由立题，自己研究，并请一些专业科研单位的学者给予审核，或者点评文章的优缺点。

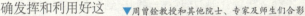

▼周曾铨教授和其他院士、专家及师生们合影

殷切关怀

▲北京市第二中学投资20万元为学校学
生程思浩、程思森建立天文学工作室

殷切关怀

48所基地校倾力支持
造就拔尖创新人才

　　无数事实证明，科技、经济和综合国力的竞争，归根到底是人才的竞争。因此，培养具有创造精神的高素质人才队伍和劳动力大军，是现代科技、经济和社会发展的需要，是时代赋予教育的重任，也是实施"人才强国"的要求。

　　"后备人才计划"基地校的范围，覆盖了全市48所中学，包括海淀区、西城区、东城区、朝阳区、丰台区、石景山区等13个区，主要承担着负责选拔、推荐对科技有兴趣的学生的重任，是"后备人才计划"的坚强后盾之一。

形成科学、公正的后备人才选拔方法

　　参加"后备人才计划"的学生，都是热爱科技且学有余力的。如何发现"学有余力"的学生呢？许多基地校经过多年的摸索，已逐渐形成一套完整的，且较为科学、公正的选拔方法，确保最终参加活动的学生人选，具有一定的创造能力和创新能力，有活力、有创意、有特质。

　　作为从第一届就开始参与"后备人才计划"的"元老"级学校，北京市景山学校每年在新生入校之前，都会召开一次科技教育讲座，给新生们讲解学校定期组织的科技活动，介绍学校历届学生的科研项目。同时收集学生们的科研兴趣点，然后对这些学生进行初步的筛选，找出学有余力又热爱科学

的学生，经过层层把关，最后推荐他们参与到"后备人才计划"中。

北京理工大学附属中学每年都会在对高一学生宣讲"后备人才计划"时，采用教师宣讲与学生宣讲相结合的方式，先由教师整体介绍情况，然后请往届学员介绍自己参加项目的收获与感受，学生间的交流更能引起共鸣。

在北京师范大学附属中学初中研究性学习课程中，学生就了解到了"后备人才计划"的理念、内容。在学生开展研究性学习的过程中，学校进行初步选拔，部分同学在初中就已经了解并准备参加"后备人才计划"。

北京市广渠门中学将学生的科技教育和德育教育结合在一起，甄选坚持德与智的平衡，重视有梯度的选拔，由兴趣出发，给学生提供展示自我的空间，让学生把未来之路看得

▼北京市广渠门中学组织学生走进高校实验室

更清楚。学校认为，入选"后备人才计划"的学生，智商与情商都要过硬，因此，选拔还会对学生进行心理测试，发现能吃苦、耐受挫力强、有合作精神的同学，这成为学校选拔学生的一个特色。

殷切关怀

为"后备人才计划"学生开辟科研实践的渠道

随着参与"后备人才计划"的经验日益丰富，许多学校由外及内地调整了校内培养学生的路径和模式，为中学生走进实验室，成为"准后备人才"开辟了提前实践的渠道；一些学校在能力范围之内，不遗余力地为参与学生提供各种方便的科研条件；有的学校搭建各种分享平台，比如分享会、微信群等，让"后备人才计划"学生的科研成果能够得以展示。

北京市第二中学为"后备人才计划"的学生提供专属实验室，方便学生搞科研的同时，也让更多学生自觉加入到科学研究实践活动中来。比如，二中学生李汉歌为了研究蜘蛛的生活习性，在他家3平方米的阳台上，饲养着大量的蜘蛛，最多时达3000只，他希望能有一个更大的空间进行他的科研项目。2008年9月，学校为他提供了一间20余平方米的实验室，并以他的名

字命名，这是北京市第一个以学生名字命名的实验室。双胞胎兄弟程思浩、程思淼对天文有非常深入的学习，2009 年 9 月，学校投资 20 万元为兄弟俩建立了"程思浩、程思淼天文观测实验室"，并配备指导教师协助其开展科研实践活动。校长钮小桦表示，给学生建立实验室，无形中也是对其他同学的一种教育、一种引导和一种帮助，只要学生的创新达到一定水平，能引领其他同学共同开展科研实践活动，学校还会陆续建立更多的学生个人实验室，来满足学生的需求。

北京市第三十五中学与中科院 17 个科研院所合作，自 2010 年起，每年开办两个科技创新人才早期培养班，每个进入科技班的学生，都能享有特色课程：比如在基础课程单元，学校每周安排半天时间，让学生与各领域、各学科的科学家"面对面"；在实践活动单元，学生走进中科院国家重点实验室，前往中科院各野外实践基地等进行科学考察；在课题研究单元，学生在中科院导师和学校博士老师的"双导师"指导下完成相关课题研究。此外，学校还专门修建了一幢科技楼，在中科院及北京航空航天大学的帮助下，科技楼建设了包括风洞实验、航空科学与技术实验、信息化生命科学、纳米与化学可视化等在内的九大高端探究实验室，并都配备博士学历的教师担任首席研究员，也有相关专家研发配套课程，科技班学生每周至少 4 节课进入实验室开展研究。这里成为学校培养科技后备人才的重要基地。

北京市陈经纶中学一直关注学生的个性化成长，尽可能根据学生的具体

▲北京市第三十五中学学生在风洞进行装置调试

情况因材施教。在日常的教学中，虽然授课内容一样，但老师对每个学生的要求、作业布置都不同。对于参加"后备人才计划"的学生，由于他们需要抽出时间和精力参加科研实践，老师会适当调整授课进度和课程安排，以配合学生科研任务顺利进行。比如，布置长周期作业，方便自我安排时间；利用上课时间去科研院所实验室的学生，回到学校后，任课老师会为他们补课。

北京市第二十中学利用自身地理位置优势，与周围的科研院所、高新技术企业等合作共建。学校与位于航天城的航天员训练中心实现对接，成为北京市中学里唯一一个挂牌的"航天科技创新实践基地"，对方为学生提供训练场地、定期参观和体验机会，景海鹏等航天员都曾到学校为孩子们授课；学校还与周边的联想、小米、IBM 等高新技术企业建立联系。企业的研发实验室可对学生开放，学生可体验研发的整个流程，企业的高级技术人员会定期走进二十中为学生作前沿技术的讲座。丰富的科技活动资源，让参与"后备人才计划"的学生有更多机会找到自己的兴趣所在。

北京航空航天大学附属中学是世界科技联盟校的成员，对参与"后备人才计划"表现突出的学生，学校再往外搭台，让他们参加国际性的科学研讨活动，提供与其他国家学者交流学习的机会。

殷切关怀

丰富学校的课程体系，锻炼有力的教师队伍

"后备人才计划"对于学生的帮助不仅停留在参赛学生本身，学有所成的学生也将自己的体会带给身边的同学，让更多人受益。这对于学校来说，其实也是一次丰富教育理念和手段的机会。

北京汇文中学第一个获得市长奖的学生在分享自己科研感想时提到，刚开始自己对刷试管这样的小事不屑一顾，认为"刷瓶子算什么"，但其实在科研人员眼中，刷试管也是一件非常严肃的事情，因为实验器材的处理，直接影响到试剂或其他实验器材是否受到污染，他也从这件小事上，领悟到了科学的严谨性。而这位学生的分享经验，对很多学生产生了影响，让学校不少学有余力的学生都积极报名参加科研活动。

要把中学生送到高校参加科研实践活动，需要给孩子做知识层面的铺垫。"后备人才计划"为学校科技教育发展提供了平台，丰富了学校的课程体系，为学校开设相关校本选修课提供了方向。

北京市第三十五中学校长朱建明认为，课程是一所学校的灵魂，而校长

▲北京市第三十五中学"后备人才计划"学生郝文郎曾获"明天小小科学家"二等奖

领导力说到底就是课程领导力。我们的课程必须向素质教育转变，"后备人才计划"为这种课程改革提供了一个很好的机会。经过几年的累积开发，三十五中仅科学选修课就有近百门，课程已经实现了"私人订制"，每个学生可以根据自身的特点，选择一套专属自己的课表。目前，学校还积极探索开放性的教学体系，将百余类项目课程制作成线上课程，供全国各地的学校选修，而这些线上课程皆可以申请线下进行动手实验，这也为拔尖创新人才培养提供了更为广阔的土壤环境。

"后备人才计划"培养出优秀学生的同时，也锻炼出一支强有力的科技教师队伍，这对学校是一种可贵的获益。几乎每个基地校都会指派专职科技教师负责"后备人才计划"学生，从学生的选拔、网上申报、最终录取，到确定实验室后带学生去实验室和导师见面、沟通，再到整个计划过程中对学生研究课题进行指导和帮助，直到最后研究论文的修改，以及辅导参加各级各类比赛等，负责老师都会全程跟进。一些学校拥有高学历的老师，也因为"后备人才计划"得到了充分利用其科研经历和发挥优势的机会。

总体而言，"后备人才计划"受到基地校学生、家长、教师的一致认可。他们认为，该项工作为青少年与大学、国家级重点实验室之间搭建了有效的平台和桥梁。通过开展一系列"计划"内的科技实践活动，带动了北京市的小学、初中、高中三类学校科技教育工作的发展；培养了许多乐于奉献、爱岗敬业的青少年科技教育辅导员；走出的学生也成为德智体全面发展的栋梁。

更为重要的是，二十年来，"后备人才计划"作为一项被证明较为成功的青少年科技教育、科技后备人才培养模式，在诸多方面都发挥了很重要的作用，在青少年及科教界都形成了广泛的影响力。通过"后备人才计划"，一批批热爱科学的青少年不断成长、成才，为国家及首都建设提供了重要的人才支撑。

邱悦

北京景山学校校长

殷切关怀

越广博的学生越能呈现不同的人生

景山学校是第一批参与"后备人才计划"的学校。学校的教学理念就是"全面发展打基础，发展个性育人才"。因材施教，按需施教，对于喜欢科学探究的学生，学校就积极地把他们送到实验室去。好奇心和求真探索的欲望，是推动学生进步乃至社会进步的原动力。

我本人就是景山学校的学生。当年我在中学的时候，参与了学校的生物兴趣小组，我们去方山观测，去张家口参加夏令营，制作标本，观测细胞的分裂变化。这个生物小组培养了我的兴趣，也影响了我后来大学的专业选择。

中学生的课业负担其实是很繁重的，每每看着这些利用周末时间跑到实验室里搞研究的孩子，我都非常感动。有很多学生从实验室回家已经晚上10点多了，再完成学校的作业，其实非常辛苦。刚进入实验室的时候，学生难免会做一些基础的工作，如果不能坚持下来，我认为他们不是真正的具备科学研究素养，景山学校的学生在这一点上让我很自豪。

"后备人才计划"为学生搭建这种科学实践平台，对开阔学生们的视野具有深远的影响。这个计划给学校的学生培养创造了很多机会，帮助我们给学生发展搭建了更广阔的舞台。对于未来的发展，我希望活动可以侧重不同学段、不同梯度，紧密结合学生的学习生活情况，增加一些更有趣的科学研究题目，从而更加充分地调动学生们科学研究的主动性。

我们鼓励学生多元发展，因为每个人就像一条河，每个人的未来都是不一样的。越宽广的河流往往越能流经不同的风景，越广博的学生越能呈现不同的人生。

▼北京景山学校学生开展科技活动

人才2O年 北京青少年科技 后备人才早期培养计划

殷切关怀

邢颖

北京市广渠门中学副校长

"后备人才计划"体现人才培养慢慢积累的过程

广渠门中学参加"后备人才计划"已有十余年，平均每年为计划甄选8名优秀学生。学校是"华夏第一班——宏志班"的发源地，宏志班的学生来自北京远郊区贫困家庭，人数占学校学生总比例的1/3。由于经济能力和文化背景等因素，家庭方面很难给予宏志生更多的向上发展空间，而宏志生对校内的科学知识、科技活动尤其欢迎，对"后备人才计划"也抱有极大的参与热情。根据自身办学特点，学校加强了宏志生在"后备人才计划"中的选拔和指导力度。近几年，从参与"后备人才计划"的宏志生的反馈来看，学生们开阔眼界的同时，部分在科技上有追求、有爱好的学生尤其受益，有些学生在继续升学时选择走上了科研的道路。

▲北京市广渠门中学宏志班走进中国工程院

"后备人才计划"培养出优秀学生的同时，也锻炼出一支强有力的科技教师队伍，这对学校是一种可贵的获益。为陪伴学生深入研究课题的内容，老师们利用休息时间与学生一同走进实验室，与课题指导老师深入交流；有些艰深的知识超出了所学领域，老师们就发动校内其他老师，甚至是有科研背景的教师家属一同为学生进行义务辅导；部分老师还自费进行相关进修，以便能给学生更多的帮助。在带领学生对接课题过程中，老师们拓展了知识领域，激发出继续深造的热情，对学校的科技工作、人才培养，是一种非常有力的、国家性的支持。

▲北京市广渠门中学"后备人才计划"学生李佳旭正在进行展评活动

学生的成长不是一蹴而就的，

74

"后备人才计划"体现了人才一步步培养和慢慢积累的过程。二十年来，"后备人才计划"越来越受到社会、家长的认可，也为孩子们的未来发展带来了一种福利。孩子们通过接触科学家、科学领域的尖端人才，学到了科学知识、开拓了科学视野。更重要的是，孩子们学到了严谨的工作作风、对科学的奉献精神，科研人应有的家国情怀。

希望"后备人才计划"能够突出个性化培养，放宽对选拔学生的年龄限制，也有利于学生缓解高中阶段的课业压力；根据参与学生的反馈，希望"后备人才计划"能够增加关键阶段的指导，如学生如何自主地、有创新性地选择课题，为学生与指导老师的沟通提供更通畅的保障等；另外，宏志生在参与"后备人才计划"中，受到家庭经济条件的限制，希望对宏志生有一些政策的鼓励，推动和实践教育均衡和教育公平。

陈维嘉
北京汇文中学校长

人才培养的第一要素是责任感

汇文中学有140多年的历史，培养出来很多科技人才，包括两院院士30人以上，比如王大珩院士、谢家麟院士、王忠诚院士、梁思成院士等，可谓历史上出过很多大家。学校在教育过程中重视对优秀、有传奇色彩的校友的宣传，学校有以科学家校友的名字命名的先进班集体，从而让学生从自己的班级文化中就可以学习科学精神。2000年，汇文中学正式进入"后备人才计划"。成为"后备人才计划"基地学校其本身就是出于对青少年科技教育的关心，让高中生有机会和大科学家面对面，进入国家级研究院所体验科学研究是怎么一回事。

对于人才培养来说，应该先让学生负有责任感，既然选择了在学习相对忙碌的时期参加科研活动，就要付出双倍的努力。现在读书多了很多功利性，就是为了升学，缺乏更长远的目标。从事科学研究是很艰苦的事情，看起来科学家很荣耀，但是背后会有很多不为人知的挫折与艰辛，所以对于科研来说，成就源于责任。

从教育的角度来说，学生的责任心应该从小培养。参与"后备人才计划"的过程中，让学生充分意识到研究本身的艰苦，学生应该有承受挫折的能力。不仅是科研，日常学习、生活，都要有承受挫折的能力。特别在今天的社会环境中，更应该让学生丰富自己的经历，做出自己的贡献，凸显自己的价值，通过后备人才的培养，让有能力的孩子更早投入科学实验。希望将来能有更多的学生有机会直接和科学人员有交流与互动，有更多的机会让孩子看看今天科技发展的现状，学生不仅要学习文化，更要接触前沿的科学，有利于开拓学生的视野。

汇文中学是一所人才培养的"老校"，我国有许多院士在二三十年代都是汇文中学的学生，但这几年培养出的院士不比从前。作为校长，我希望学校能继续在未来培养出更多的院士和大科学家，"后备人才计划"为有志于科学的同学提供了宝贵的机会，非常有益于学校的人才培养。

殷切关怀

▼北京汇文中学陈维嘉校长与朱梦绮同学在创新大赛暨市长奖颁奖典礼现场

王蕾
北京市第一六六中学校长

不奢求所有的孩子都能成为科学家

如何丰富、发展、创新高中阶段的科技教育，是一个需要在实践中不断反思、沉淀、提升的过程，这当中还有很多的空间需要去探索。例如：如何评价师生的科学素养？对科技教育效果的评价不仅要关注学生在校期间的变化，还要有效地跟踪他们大学期间，甚至进入社会之后的表现等。

科学素养是公民素养的重要组成部分。中学阶段的科学教育是一个人一生中首次、系统地接受科学教育，是形成科学观、世界观、人生观的关键时期，也是提高公民科学素养的关键时期。"后备人才计划"让更多有特长的学生有机会走进国家顶级实验室，与科研人员共同探究科学课题。可以说，这对提高中学生科学素养起到了重要的作用，并且这样的培养计划，还可以起到非常好的示范辐射作用，可以吸引更多有兴趣的学生参与其中。

殷切关怀

▼北京市第一六六中学学生参加科学考察活动

这些年，学生们在科学家、老师们的言传身教之下，走向独立和创新之路。虽然眼下的这些成果无法和科学家们相比，但是对于他们，更弥足珍贵的是探索的过程。不奢求所有的孩子都能成为科学家、科技精英，但是至少他们日后可以成为具有科学素养的新时代公民。就像如今起航的高中生命科学实验班和生命科学后备人才培养基地，是为日后科技发展服务的。

殷切关怀

钮小桦
北京市第二中学校长

人才20年 北京青少年科技
后备人才早期培养计划

打破年龄界限，制定菜单式培养计划

培养学生的个性发展、尊重学生的个性发展，在二中有着优良的传统。早在 20 世纪 80 年代初，学校就成立了课外活动领导小组，统筹领导科技文体等课外活动小组，并在人力、物力、财力等方面给予保障。所以说二中开展科技活动历史悠久，一点也不过分。我校参加"后备人才计划"始于 2000 年。

二中对"后备人才计划"学生的选拔，提出要坚持四个原则：一是必须是对科学有浓厚兴趣的学生；二是必须是精力超群的（或者叫学有余力的）学生；三是必须要有敢想、敢做、敢闯精神的学生；四是必须是能坚持到底的学生。每个学年开始，学校会进行精品社团推介，由学长负责介绍社团情况，然后进行招新。招新就是进行面试，由学生进行第一轮筛选，教师进行第二轮，主要看学生是否具备基本科学素养，是否适合开展科研实践活动等。

人才培养，关键在于脚踏实地、循序渐进、遵循科学规律，绝不能拔苗助长，更不能带有任何功利色彩。培养科技后备人才，是一个功在当代利在千秋的伟业，因为科学和技术只能有第一，不能有第二，掌握不了核心科技，就要被动，可能就要受歧视甚至挨打。科技创新是一个民族生存与发展的不竭动力。

▼北京市第二中学一年一度的科技节展示活动

现在北京对于科技后备人才培养有很多计划，相对而言，"后备人才计划"历史较长，资源较丰富，希望该活动把眼光放得再长远些，打破学生年龄界限，针对不同学生制定出菜单式培养计划，需

要突出个性化培养，把计划定为 2~3 年为一个周期，并且有 3~5 年发展规划，甚至是十年的长远规划，因为人的成长需要周期，不是一年两年就能解决的，对在校学生可适度延长培养周期。

另外，希望政府在这方面整合资源，下大力气，持之以恒地开展下去，走精品路线，做出精品，人才选拔宁缺毋滥。同时也呼吁社会，呼吁家长、教师、学生摒弃功利思想，踏踏实实地开展学生喜欢的研究项目，家庭、中学、高校及科研院所等机构形成合力，共同办好这项事业。

曹保义
北京师范大学第二附属中学校长

殷切关怀

让孩子感受科学家的优秀品质

2011 年至今，北京师范大学第二附属中学参与"后备人才计划"的学生共 36 名，其中 28 名学生在升入大学时选择的专业与研究领域相关，可见"后备人才计划"激发了学生对科学的热爱和兴趣，产生深入研究的持久力。"后备人才计划"通过学生在科学家身边成长的过程，不仅给学有余力的学生搭建了高水平的科研平台，而且让这些孩子亲身感受科学家身上的优秀品质，激发了孩子的责任感和使命感，这是一项非常好的活动。

人才培养的关键首先是要激发孩子内在的潜能。教育首先要提供学生自我发现、自由发展、自主成长的平台，要引导、指导、帮助孩子成长。第二是要保护孩子的好奇心。孩子的天性是玩耍，是对未知领域的好奇心和探索欲望，所以教育要保护和培养他们对自然界、对人类社会的好奇心。这样的好奇心，对未来的科

▼北京师范大学第二附属中学邀请航天员景海鹏参加学校科技节

学研究非常重要。第三要有人才多样化的观点。人是有差异的，因此人的发展也是不一样的，教育要挖掘和发挥他的优势，这也是北师大二附中近些年在课程改革上的主线索，即"基于学生差异的课程改革"，是北师大二附中"人文""自主"学校文化指导下的课程改革实践。

殷切关怀

吴伟东
北京市第一六一中学校长

培养学生对科学的兴趣

我校是北京市科技教育示范校，北京学生金鹏科技团生命科学分团，学校一直对科技教育非常重视。在得知北京市科协利用中央在京科研院所的资源优势，开展"后备人才计划"后，学校认为这项活动非常有利于学生科学素养的提高、有利于学校科技教育特色的发展，因而积极参与"后备人才计划"。学生在参与课题研究过程中接受了科学思想和科学精神的熏陶，掌握了初步的科学实验方法，培养了务实求真的科学态度，提高了自身的科学素养及创新思维和科学实践的能力。

国家的兴衰在人才，人才培养的关键点是培养学生对科学的兴趣。"后备人才计划"真正实现了促进青少年创新思维、实验技能、问辩能力、团队协作等各方面综合素质的提高，是非常有意义的活动。希望"后备人才计划"能够拓展实验室资源，让更多的学生走进大学、科研院所，体验科学、感悟科学；开发更多的科技场馆，拓宽学生的科技视野；希望创造更多的机会，加强中学教师与大学导师的沟通交流。

▼北京市第一六一中学"后备人才计划"学生在扎龙湿地考察植被种类

顾咏梅

北京师范大学附属中学副校长

架起中学和科研工作者的桥梁

在北京市科协的领导下，我校自2007年起，每年固定有一批学生，通过"后备人才计划"进入高校实验室参与课题研究。参与"后备人才计划"的学生从知识、方法、技能上都有所提升，最重要的是他们被科研工作者严谨、求真的态度和坚忍不拔的精神所感染，这对他们的学习、生活都产生了影响。

"后备人才计划"为学校引进了高校、科研院所资源，架起了中学和科研院所之间的桥梁，使我们的学生、教师都有机会了解、参与科学研究。这一工作使得我们的教师更加专业化，学生的视野更开阔，最为重要的是，使学生在中学阶段有机会接触真正的科学研究，这为他们树立理想，确定自己未来事业与发展都起到了重要的作用。

创新人才的培养关键在于学生品格、科学态度的培养，严谨、求真、务实、坚毅的品质将成为学生一生从事科学工作的助力。"后备人才计划"对培养拔尖创新人才有着重要意义，希望未来可以更好地为进入"后备人才计划"的学生分学科、分领域开展指导活动。同时也希望将来可以逐步开展针对中学教师的培训，让中学教师在研究性学习等校内活动中能够更好地指导学生开展课题研究。

殷切关怀

▼北京师范大学附属中学"后备人才计划"学生马霁晓在转基因植物实验室学习

朱建民
北京市第三十五中学校长

"后备人才计划"为课改提供了好机会

这些年，我们一直在讨论应试教育和素质教育，素质教育和应试教育并不是完全对立的，我们不能以实行应试教育为借口而不推进素质教育。鼓励学有余力的学生进行科技探索，这是很有必要的，也是

▲北京市第三十五中学"后备人才计划"学生王雪菲正在进行实验数据分析

为我国培养科技后备人才的重要举措。

中学教育应该目光长远一些，应该培养学生具备未来二三十年社会需要的素质和能力。对于在科学研究方面有潜质的孩子，我们要及早地发掘出来，正确引导，让有志于科学研究的学生早日成才。

课程是一所学校的灵魂，而校长领导力说到底就是课程领导力。我们的课程，必须向素质教育转变，"后备人才计划"为这种课改提供了一个很好的机会，值得在尝试中推广。

我国目前亟待解决的很多问题都离不开科技人才的培养，同时，培养科技人才也是保持经济和科技持续高速稳定发展的需要。因此，科技人才的培养需要统筹规划，及早安排，不断创新培养模式，把在科学研究方面有潜质的孩子好好培养出来。

陈秀珍
北京市和平街第一中学校长

为"后备人才计划"学生建立成长档案

2012年北京市科协为我校学生提供了参加"后备人才计划"这个宝贵机会。对于学有余力且对科学研究有着浓厚兴趣的学生来说，该计划是一笔巨大的财富。学生能够在中学阶段提前走入高等院所，身临其境去感受科研人员的日常工作，这

对学生自身科学素养的提升和将来参与科学研究的决定具有重要意义。

科技人才培养的关键点是激发并保护好学生对科学探究的好奇心和热情。学生现阶段参与"后备人才计划"学习，最重要的不一定是做出多么完美的科学研究成果，

▲北京市和平街第一中学第13期"后备人才计划"学生王合在实验室做实验

而是尽可能在活动过程中体会有趣而完整的科学探究过程。

希望"后备人才计划"为学生建立成长档案，这对学生将来进入高校深造具有承接作用。如果可能的话，该计划能够作为大学先修课程计入学分，将来学生进入大学学习就可以提高效率，节约学习时间。还希望增加校际间的"后备人才计划"学生交流与学习，并且加强对学生活动的追踪和评价。

殷切关怀

让学生把创意落在实物上

陈经纶中学一直以来都非常注重人才培养，积极参与北京市及全国举办的各类科技活动。学校的办学理念与"后备人才"计划有着很高的契合度，学校希望参加计划的学生，在日常生活和学习中能培养创意、创新和创造性，为将来的人生规划打下良好的基础。

张德庆
北京市陈经纶中学校长

参与"后备人才计划"的过程，也是学生实现自己创意、创新思维、培养创造性的过程。学生的创意往往来源于某一个灵感，要鼓励学生将这个灵感大胆地实现，引导学生能在有灵感的基础上进一步深入研究，形成自己独特的创新观，进而将想法真正落实到产品上，也就是将创意固化、物化，形成一种创造性。在高中生的创新过程中，较少落实到创业环节，但这个过程就像创业一样，让自己的创新产品能产生效益。所

▲北京市陈经纶中学校长张德庆与学生交谈

殷切关怀

以，创意、创新、创造性也是陈经
纶中学培养学生的核心理念之一。

"后备人才计划"让学生有机
会将创意落实，在这一过程中，同
时也让学生了解什么是科技创新，
认识到真正的科研是什么样子，如
何理性地分析和研究自己的创意。
这样的学习过程，既锻炼了学生的
科学素养，也培养了学生的科学精
神。科学精神不一定都用在科学研究上，同样可以用在学习和日常生活中，让
自己成长、学习的过程变得更有方向性和目标性，为未来的人生发展打好基础。
同样，也有助于提升学生的学习精神，以至于在高中的学习中充分发挥自我管
理能力。

王殿军
清华大学附属中学校长

鼓励学生以团队的形式参与研究

清华附中学生历来对科学探索有浓
厚的兴趣，作为北京市科协的理事会成
员，从"后备人才计划"开办以来，就
积极地参与其中，推动"后备人才计划"
在清华附中的发展。

激发学生对科学研究的兴趣在人才
培养中至关重要，对于对科学研究有兴
趣的学生，需要依据其专业领域匹配相
应的发展空间，并对学生专业能力的成长给出一个过程性、指导性的评价。
因此提供完善的科研平台和评价机制起到了关键的作用。"后备人才计划"
开启了中学生和高校之间的通道，让学生们体会到科研实践的魅力和导师们
的风采，激励更多的学生参与到科研中去。

希望"后备人才计划"能够组织更多的学生进入到前沿的科学领域，并
鼓励学生以团队的形式参与研究，提供更多的研究方向供学生选择，提供更
多的交叉学科，建立中学和大学实验室完整对接，使大学实验室项目的工作

▲ 清华大学附属中学学生在野外采集数据

可以在中学的某些实验室完成。另外，可以更多地举行一些科普讲座和项目展示活动，并提供更多让学生进入专业实验室的机会，组织众多优秀的学员在学校讲述他们的科研经历、展示项目成果，鼓励更多的学生参与到计划中来。

培养创新人才要促进学生全面发展

　　"后备人才计划"让学生亲身体验科学探索的过程，接受科学思想和科学精神的熏陶，掌握初步的科学实验方法，提高自身的科学素养及创新思维和科学实践的能力，并且在高中阶段能与科学家一同科研和学习，这是人生最宝贵的财富。学生们可以在活动中学习基础科研的方法、流程，培养科研兴趣；观察科学家们的工作习惯，学习科学家们的科学精神，学会如何与人沟通交流、合作等。

殷切关怀

田树林
北京市第八十中学校长

　　八十中是北京市重点中学，科技教育是学校传统优势项目，八十中要将学生培养为"有理想、负责任、会学习、善合作的创新型人才"，"后备人才计划"正契合了我校的学生培养目标，我们要抓住机会，给八十中学有余力的优秀学生创造条件，提供平台。

　　"后备人才计划"面对的是青少年，他们正处于学习基础阶段，好的苗子应该参与其中，但不是所有的学生都适合参与这个计划，主要还是高端人才培养，不是普及性活动。所以我认为，"后备人才计划"的选拔工作，是整个活动能否圆满完成的重中之重。没有好的生源，后续活动就会面临诸多问题，意志品质不坚定的会半途而废，知识能力欠缺的无法满足科研要求等。所以八十中在选拔"后备人才计划"学生的过程中，都是认真严肃对待，精心设计各个环节试题，让最优秀的学生脱颖而出。

培养创新人才要促进学生全面发展。培养创新人才应该培养学生的创新精神、创新能力及创新品格，创新精神包括好奇心强、兴趣广泛、求知欲旺、对新鲜事物敏感等；创新能力则是运用创造性思维和想象力，计划与实践活动的能力等；创

▲北京市第八十中学学生向我国三位航天员介绍学校科技项目

新品格是指有事业心、使命感、责任感等。另外，持之以恒的精神也是必不可少的。

对于"后备人才计划"的未来，我希望各级政府、高校、基地校能更加重视，投入专项资金和经费，创造有利条件，抓好实施中的每一个环节。对每位学生的培养要切实到位，有计划地去培养，并且有完善的评价体系。另外，应有效地利用北京市的优势资源、完善运行机制，更好地引导学有余力、对科学有兴趣的青少年参与"后备人才计划"进行科研实践，最终成为优秀科技人才。

▲俄罗斯宇航员到北京市第八十中学作科普报告

任志瑜
北京理工大学附属中学校长

教育就是唤醒、激发、点燃科技兴趣

"后备人才计划"是我校参与时间最早的中学生进入大学实验室进行课题研究的项目，为学校和学生提供极好的平台和资源。这20年来，"后备人才计划"让一大批对科学研究有兴趣的孩子能提前接触到最前沿的科学知识，亲近最资深的科学家，操作最先进的仪器，最重要的是亲身感受科研的魅力。这些孩子现在有很多已经或即将成为我们国家科技发展的中坚力量。在中学阶段就在他们的心里埋下一粒科学的种子，"后备人才计划"为科技人才的培养做出了巨大的贡献。

人才培养最重要、最关键的点就是要发现，发现学生的爱好和个性潜能，为其提供个性化的发展平台，让学生真正实现个性的发展和生命的绽放。近年来，我提出了"发现教育"主张，我认为教育就是唤醒、激发、点燃对学习的兴趣，人才培养就是要激活学生自主追求的愿望。用发现来唤醒潜能和愿望；用发现来点燃激情和思维；用发现来激励信心与勇气。

希望能有更多的实验室对学校、学生开放，给加入"后备人才计划"的学生带来更多发展机会，同时也希望能够给参加"后备人才计划"的孩子提供更多展示的机会。建议加强基地校与高校实验室之间沟通与交流，以及往期学员间的沟通与交流。

殷切关怀

▼北京理工大学附属中学学生在北京大学环境与技术实验室

陈恒华
北京市第二十中学校长

殷切关怀

构建联合培养的模式，促进后备人才的发展

北京市第二十中于 2010 年开始参加"后备人才计划"，每年平均有五名学生入选。在"后备人才计划"的引导下、在学校联合培养模式下的各项科技教育活动中，涌现出一批又一批具有科学素养，能从事科研活动、做科研课题的学生。他们参加各项科技比赛，取得了很好的成绩。

联合培养模式使学生的兴趣有了立足点。二十中选拔后备人才看重学生自己的兴趣。只有从兴趣出发，学生才能更清楚地认识自己，规划自己的发展方向。因而在选拔过程中，让学生主动地展示特长、表达发展意愿，再进行合理筛选。在面试环节中，直接与学生沟通互动，让他们更多地了解"后备人才计划"的学习内容，并介绍我校联合培养的模式，激发他们科学研究和探索的热烈愿望。学生在参加活动之初就清楚自己的兴趣研究不仅在学校内能得到专业教师的指导，在校外也有专家教授做指导老师，还可在对口的大学实验室做实验研究。

联合培养模式是激发学生兴趣的孵化器。基础教育阶段的创新人才培养，是给极少数天资聪颖、学有余力的学生创造条件，提前接触更高阶段的知识内容，进行科研探索，让他们的天赋得以发展，这是"后备人才计划"的工作宗旨。我们让学生们有实验研究的场所，有高层次专业人员的指导，有考察实践的机会，学生的兴趣得以孵化、生长，我们等待的就是他们的成熟和收获。

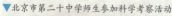
▼北京市第二十中学师生参加科学考察活动

　　联合培养的模式要稳定持续地发展。通过参与"后备人才计划",学校发现,学生参与科学实践越多,他们的想象力越发散,需求也更加多元。这是一件好事,但同时也需要社会各方给予更多的帮助和支持。很多大学科研人员本身就有较重的科研任务,与学生兴趣对口的实验室有限,有些后备人才学员面临找不到合适的指导的困境。我们学校自身会努力为学生创建更好的软硬件条件,也要走出去寻找更多的合作院校,也希望大学承担起这部分社会责任,让从事科研、有实验室资源的科研人员,有一部分精力和时间对中小学生进行指导和帮助。这种面对面的指导和帮助不仅提高学生能力,更是科学态度、科学精神的引领,是培养未来国家需要的创新型人才的好方法。所以说,联合培养的模式要稳定持续地发展。

　　最后,建议"后备人才计划"的学习经历可以作为一种实践先修,在大学课程的评价标准中占有一定的比例,使学生和院校的参与更有积极性。可以说这是更深层次的一种联合培养。

殷切关怀

吴鹏程
北京航空航天大学实验学校中学部校长

给学生创造更多自我发挥的空间

　　北航附中处于从学校特色走向特色学校的过程,在科技特色的带动下,北航附中学生的学习成绩和科技成果不断攀升。我们很多科技教育的模式均借鉴"后备人才计划"的发展思路,"后备人才计划"对学校、对学生的意义深远。

　　通过参加"后备人才计划",学校摸索出一个培养学生的方法。以前学生参加科技竞赛前,会对他们进行集中培训,一遍遍地让他们给老师讲课题,老师们帮助学生推敲哪些是符合逻辑的、严谨的科学报告。现在我们采取完全放手的态度,因为我们相信,经过"后备人才计划"的熏陶,学生完全能凭借自己的能力做汇报展示工作,甚至参加国外的比赛。

　　未来希望有更多的大学教授能走到中学来,给学生作报告,调动他们参与科研活动的积极性。因为有些学生想进行的研究课题,对于中学老师来说指导力度有限，这时需要大学教授能给学生一些启迪。此外，我们希望"后备人才计划"可以给学校更多的主动性，让各学校的学生能够相互串联起来，共同研讨。

"从心所欲，不逾规"是北航附中一直以来坚持的学生培养宗旨。前面40年，北航附中一直是半军事化管理，对学生要求比较严格。现在我们努力给学生创造更多自我发挥的空间，学校努力去帮助有科学兴趣的学生找平台，找资源，让他们可以遵从自己的内心，以爱好为先导，有更多元化的平台发展自己的特长。我们不期望每个学生都能成为科学家，或者他们参加的科技竞赛和科学研究能影响他们未来的职业选择。我们只希望他们在中学接触的科学研究中提高自学能力、观察能力和与人沟通协作的能力。学生们树立目标、蓄积梦想，我们来帮他们一点点把梦想实现。

殷切关怀

▼北航附中航空航天后备人才培养实验基地及科技俱乐部成立仪式

90

何石明
北京市丰台区丰台第二中学校长

减轻学生课业负担，培养科技后备人才

丰台二中作为丰台区的两所基地校之一，每年有五名同学通过自愿申报、学校选拔，再通过学生自己填志愿，导师筛选的方式，进入高校重点实验室，参与课题研究，学习科学研究的方法，从而激发学生的科技兴趣。

在中学生中培养科技后备人才，需要减轻学生负担，避免过多重复训练，让孩子有时间、有兴趣参加科技活动，而不是压抑了学生创造性。让学生有时间玩，有闲暇的时间与科技接触，有闲心玩出自己的兴趣，是培养更多科技后备人才的一个条件。2009 年，我教过的一名学生胡瑞，当年获得北京市"明天小小科学家"称号，接受了北京市市长的颁奖，这个孩子就是一个会玩的孩子，学习负担不重，有心思做一些学业之外的事。

"后备人才计划"帮助更多有浓厚科技兴趣与特长的优秀丰台二中的学生开阔眼界，跟随知名科学家开展科学研究实践活动，参加野外考察，参加科学报告、学术交流、科技社团活动，激发他们的科学兴趣，提高创新能力。

"后备人才计划"也促进丰台二中的教师们不再满足"给学生一杯水，自己先有一桶水"的模式，而是首先自己是火种，善于点燃学生的火把，再点燃科技创新的火种。

▼北京市丰台区第二中学开展"后备人才计划"学生选拔座谈会

殷切关怀

91

王宾
北京师范大学大兴附属中学校长

殷切关怀

希望能为科技教师搭建进修平台

作为远郊区县的北京市科技金鹏团成员校，北京师范大学大兴附属中学于2010年参加了"后备人才计划"，这与我校"全面发展、个性成长"的育人理念十分契合。加入"后备人才计划"以来，先后有19名同学在活动中受益。

"后备人才计划"的实施，为郊区学生提供了一次走近科学、探索科学的机会。但同时，学生本身的知识储备、特长爱好有一些差异，在高校重点实验室学习过程中有一些吃力，同时郊区学校的科技教师师资力量严重不足，出现了学生在科学探索过程中的可持续发展方面有较大困难。我希望"后备人才计划"不仅能够为学生的发展提供支持，同时也能为学校的科技教师搭建一个学习进修的平台，让学生在校时间内能够得到科学普及性知识的学习，又可以获得高校实验室的高端教学资源。

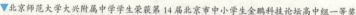

▼北京师范大学大兴附属中学学生荣获第14届北京市中小学生金鹏科技论坛高中组一等奖

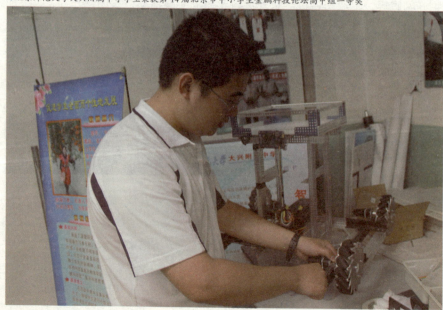

徐华
北京市通州区潞河中学校长

学校要支持孩子们的创新原动力

潞河中学参与"后备人才计划"有两年时间，对于已经走过20年的"后备人才计划"来说，潞河中学的后备人才之路才刚刚开始，学校将努力让更多的学生从多样的活动中收获科学的真谛。

"十三五"规划中提出的"五大发展"理念中，第一个理念就是创新，创新是人类社会发展推动的原动力。"后备人才计划"20年的历程也体现了这个项目的价值，其价值就是创新，这是一份执著和坚守，同时也是一份责任。

在不同的社会公众群体中，对于学生在高中阶段学习的认知，在某种情况下是比较片面的，还带有一定的功利性。对于大众有这样的想法不能

▲北京市通州区潞河中学校长徐华观看特斯拉社团活动

说不对，因为确实对于高中生来说，升学是很重要的任务，如果把孩子在高中阶段的所有学习生活都归结到简单的一句"升学"上，这是很狭隘的。参与"后备人才计划"的经历都是在学校和书本上学不到的。

对于人才培养来说，不同的阶段有不同的诠释。不过，人才是不是培养出来的呢？有一点可以确定，对孩子身上表现出的求新、求变、求异的素质，要保护，不要扼杀。在高中阶段的教育中，有的学生会表现出与众不同，从常规的管理角度来说就是"不听话"的孩子，但是在他们身上往往会蕴含着创新的元素，这或许就是人才的潜质。学校教育是标准化教育，而人才的培

养最忌讳标准化，学校决不能成为扼杀人才的罪魁祸首。因而，学校和老师要保护学生个性化的、创新的、有挑战性的想法和做法。

　　"后备人才计划"一路走来十分不易，能看出项目主办方的坚守和追求，这其中更多的是一种责任。民族的未来在青少年，不能停留在一句空话上，要在于培养青少年的社会责任，在于提高科技创新能力，希望通过"后备人才计划"的大力推广，让越来越多的学生参与到项目中来，从中受益，给北京的孩子乃至全国的孩子在科学素养、科学能力方面，获得从常规教育角度不能获得的机会，锻炼出学生未来发展所真正需要的能力。

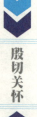

殷切关怀

景文忠
首都师范大学附属房山中学校长

探索科技教育更广阔的渠道和途径

　　作为北京市科技教育示范学校、北京市金鹏科技团成员，首都师范大学附属房山中学本着"科技见长，全面发展"的学生培养目标，致力于打造高水平科技指导教师队伍、建设丰富的科技教育课程，全面培养学生创新能力、提升学生科技素养。

　　2013年，经过学校的努力和北京市科协的重点关注，我校有幸成为"后备人才计划"房山区唯一一所基地学校。三年来，学校通过学生意愿自主填报、征求家长意见、科技素养测试和面试、科技教师推荐等多环节选拔，共有15位同学参加了"后备人才计划"。学生自主选择走进高端实验室，在专家的引领和耐心的指导下，同学们通过一点一滴的学习和积累，他们的创新思维和合作精神得到了淋漓尽致的升华和展示，同时，科学素养、实践能力、学术视野和综合素质等多方面能力都得到了显著提升。

　　深化综合教育改革要求"未来高中教育教学中的价值和作用，除了对学

▲首都师范大学附属房山中学参与"后备人才计划"的学生在北京农林科学院学习

生学业水平进行鉴定衡量外，还承载着促进学生个性化、差异性发展的功能"。"后备人才计划"帮助学生在实现自我价值，在搭建成长有效路径过程中，以科技教育为突破口，以社会实践活动为支撑点，促进学生改变传统的学习方式，关注学生实际获得，培养学生的社会责任感、创新精神和实践能力。

"后备人才计划"20年，更是一次新征程的开始，希望继续坚持"善于发现学生优势""善于引导和保护学生的兴趣爱好"，更"在意"人的角度，探索科技教育更广阔的渠道和途径，为区域教育发展做出更大的贡献。

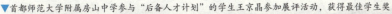
▼首都师范大学附属房山中学参与"后备人才计划"的学生王京晶参加展评活动，获得最佳学生奖

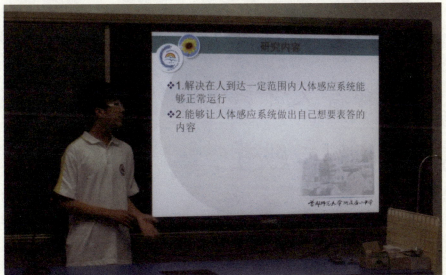

殷切关怀

校长题词

热爱科技活动
助力学生成长

蔡晓东

北京师范大学附属实验中学校长蔡晓东

殷切关怀

创新驱动，实践育人。
祝后备人才项目精英辈出！

李有毅
2016.12.8

北京市第十二中学校长李有毅

二十年后备人才培养，引领
青少年走进科学殿堂。

卜海燕

北京市第六十五中学校长卜海燕

北京市第一七一中学校长陈爱玉

北京市第十五中学校长苏冰

科学教人求真，那是吹尽黄沙始到金的严谨；科学教人求美，那是众里寻她千百度的执着。从古至今，人类生活的点滴变化进步无不显示科学的力量：从钻木取火到固体燃料；从结绳记事到电脑芯片……同学们今天的兴趣与探索、思考与发现，也许会成为下一步改变世界、造福人类的支点。

北京市科协科技后备人才培养计划，汇聚北京中学生科技英才，通过玩科技、学科技、懂科技、爱科技的多元活动，引领同学们走进科学王国，领略科技文明。希望同学们蓄足科技正能量，放飞梦想，追求真理，开启科学体验与创造的新篇章！

北京市第一七一中学
陈爱玉

春秋二十载育科技英才
家国千秋业同圆中国梦

苏冰

智者闻道，勤而行之；养真自善，穆如清风。

陈红
2016.12.16

北京市第五十五中学校长陈红

殷切关怀

97

科技后备人才承载着孩子们的科技
梦想，为孩子们发展创新能力提供了成长之路。

北京育才学校　刘继忠

北京市育才学校校长刘继忠

殷切关怀

拔尖人才，培养廿载，
优秀学生受益一辈子！

日坛中学　刘子远
2016.12.7

北京市日坛中学校长刘子远

北京市一零一中学校长郭涵

科技创新中国梦，
人才培养根基重。

——人才20年贺
北京一零一中　郭涵

愿各位同学充分利用"后备人才计划"的平台，认识
自我并尊重内心的需求，全面而有个性的发展，真正从"后
备"走向人才！

北京市十一学校校长李希贵

北京景山学校校长邱悦

科技让世界更美好
创新让人生更精彩

北京景山学校
邱悦

殷切关怀

共同追求科学世界的至真.

北京航空航天大学附属中学校长吴鹏程

"后备人才计划"为创新人才插上了科技的翅膀，为
创新人才的早期培养开拓了新的途径。

北京市陈经纶中学校长张德庆

人才2O年 北京青少年科技
后备人才早期培养计划

感言： 培养青少年科技后备人才，目的不是让学生专门去搞科研，也不是让他们出什么学术上的成果，而是让他们参与科研的实践，体验科学家怎么研究，让科学家带孩子往相关领域领一领。

▼

人才故事·科研导师

刘来福：
让孩子享受参与科研的乐趣

刘来福
北京数学会前副理事长、曾任北京师范大学数学系主任

　　已过古稀之年的刘来福教授精神矍铄，笑容满面。虽然早已退休，但他仍然关注青少年的数学学习，他最早在国内开展数学建模和数学模型的教学，积极推广中小学生数学应用知识竞赛。

　　对于"北京青少年科技后备人才早期培养计划"，刘来福有着自己独特的理解。他认为，这个计划应该主要是加强人才的早期发现、早期培养，培养科技后备军，但不是专门培养尖子人才，从中一定要出现出色的人才。

　　他说，"科技后备人才早期培养因为面对的是青少年，他们正处在学习的打基础阶段，好的苗子应该抓住，但是并不是所有参与的孩子，出来就一定是人才，就能获得诺贝尔奖了，人才会从中脱颖而出，但是并不是说所有参与的人都是人才。"

早期培养点亮孩子创造性的火花

从 2003 年担任青少年科技俱乐部的指导教授至今，刘来福在青少年科技后备人才的培养道路上，已走过了近十年的时间。作为一名大学教授，刘来福之所以愿意把退休后的宝贵时间，贡献给青少年科技教育工作，还是来自于几十年从事大学教学工作的一个深刻体会。

刘来福长期从事应用数学方面的研究，主要是教学生怎么用数学解决实际问题。传统的数学教学都是老师留题，学生解题。而刘来福会告诉数学系的大二学生，数学基础知识已经学得差不多了，期末考试他不会出题，而是要求他们用所学的知识，去发现身边的实际问题，然后解决它，最后写一篇论文交上来。让刘来福感到困惑的是，许多学生根本找不到实际的数学问题，更别说用所学知识解决问题了。

"大家学了这么多年数学，做了这么多年数学题，学数学为了什么？"刘来福教授说，"不做题学不好数学，但是学数学不是为了做题！做题一不能创造财富，二不能建设国家，光会做题不行。"

>> 传统的"老师出题学生做"的教学模式，在现有的教育体制下还是需要的，而"后备人才计划"则是对现有的教育模式做补充，最重要的是培养孩子自己去发现问题。

刘来福认为，小孩子刚开始接触数学，不做题是学不会的，但只做题，孩子一辈子也学不到数学！因此，随着孩子们年龄的逐渐增长，要想到什么是数学上需要解决的问题？大家需要用数学去解决什么问题？只有时刻想到这一点，并从做别人的题到自己出题给别人做，才能够发展数学，才能够发展我们的科学。

"大二才开始培养，其实已经晚了。"正是意识到这一点，

20 世纪 90 年代末，刘来福教授就到北京师范大学附属实验中学，给理科实验班的学生讲课。"青少年喜欢观察世界，对于自己好奇的东西都喜欢提问个为什么，有很多奇思妙想，其中伴随许多创造性火花越早培养，则越能维持住他们创造性的火花。"刘来福教授说。

"后备人才计划"是对现有教育模式的补充

刘来福认为，传统的"老师出题学生做"的教学模式，在现有的教育体制下还是需要的，而"后备人才计划"则是对现有的教育模式做补充，最重要的是培养孩子自己去发现问题。

"发现需要研究的问题和选择其中能够研究的问题是每一个科研工作者在研究之初必须直面的重要环节。这在传统的教学过程中较少涉及，因而发现问题的过程是艰苦的。参与'后备人才计划'的学生，一年的科学实践时间，恐怕要花 2~3 个月去遴选

▼刘来福教授和孩子们一起探讨科学问题

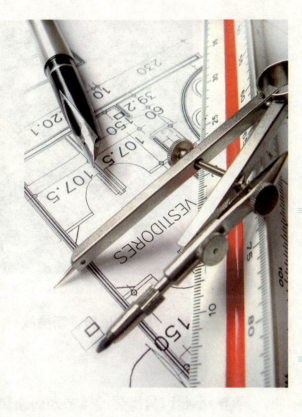

人才故事·科研导师

问题。"刘来福教授说，"很多人夸奖孩子，说他的论文写得跟研究生的水平一样，对此我就很质疑，无论从年龄、知识水平、社会经历等各方面与研究生相比，中学生都要差很多，如果没有人帮助，怎么可能写成这样。"

刘来福十分反对拿高中生跟研究生、博士生做比较，他不会要求高中生的论文写得有多规范，也不是用学术水平去衡量他们，而是首先看这个问题是不是自己发现的，有没有"孩子味儿"，第二就是解决问题的方法有没有小孩的思想，小问题里面是否能闪现创新的火花。

事实上，中学生提的问题很多大学生也想不到。刘来福教授曾指导过一个女学生，这个女学生很爱美，头发留得很长，她在梳头的时候就想到，梳子齿有疏有密，太密了头发易断，太疏了起不到梳头的作用，每个人的发量、柔顺度都不一样，什么样的发量、什么样的发质，用什么样的梳子梳头更合适呢？这最后演变成一个数学问题。有个高中生的选题是，一场篮球赛的最后10秒钟，犯规多少次可赢得比赛；还有一个小学四年级的山西学生，为了解决红绿色盲开车分辨红绿交通灯的问题，他想到方案是将红灯弄成方的，绿灯弄成三角形的，黄灯还是圆的。

"这些都是发生在身边的数学问题，用中学或小学所学的数学知识完全就能解决，关键是这样的问题，恐怕很多大学生想不到，而科研工作者也不会去想。"

▲刘来福教授指导学生

新时期、新形势、新挑战

>> 不要过分地强调孩子为科研做了什么贡献，而是让他们有所享受。如果过分强调功利，小孩是看不到乐趣的，也往往很难坚持下去。

如今，参与"后备人才计划"的人数越来越多，规模越做越大，这让刘来福感到很高兴，但同时也有些担心，因为规模大也有规模大的问题。

首先，参与的学生增多了，且良莠不齐，当前的青少年在学校承担着很大的学习压力，各种想法的学生都有，不像早期参加科技俱乐部的学生，很投入、很纯粹，就是一心一意地参与科学实践。

"原来只是几个科研工作者带几个重点学校的尖子学生，在这种情况下，对于管理层面的领导可以撒手不管，现在就不能这样做了，希望北京市科协的领导能够制定相关的政策，适应现在出现的新情况。"刘来福教授说。

104

其次，参与的指导老师也增多了，他们来自不同的学科领域，承担着繁重的科研任务，不可能真正花很多时间一心一意投入到这方面来。再加上指导青少年的科学实践活动是不同于自己科学研究工作的一个需要探索的新的领域，如何指导青少年科研活动的理念也不一定相同；如何更好地发挥导师的指导作用，也值得探讨。

▲学生向刘来福教授请教科研问题

在这个方面，刘来福教授认为，就科协的角度，至少应该从领导层面把握一个方向，创造一定条件，专门搭建一定的平台，将指导老师集中在一起，多沟通、多交流经验，应该有个较为统一的培养孩子的理念。虽然目前也开过几次研讨会，但是讨论尚不充分。

刘来福强调，培养青少年科技后备人才，目的不是让学生专门去搞科研，也不是让他们出什么学术上的成果，而是让他们参与科研的实践，体验科学家怎么研究，让科学家带孩子往相关领域领一领。

"不要过分地强调孩子为科研做了什么贡献，而是让他们有所享受。就数学而言，要学习数学、体味数学的酸甜苦辣、享受数学。如果过分强调功利，小孩是看不到乐趣的，也往往很难坚持下去。"刘来福说。

文 / 吴泺麓

人才故事·科研导师

感言： 　我们要将收获的希望放在未来，要把孩子从升学压力中解放出来，让他们有时间、有空间去参与和体验创造性实践活动。要尊重和容忍孩子的奇思妙想与个性差异，引导和鼓励孩子大胆质疑和独立思考。

人才故事·科研导师

石雷：
愿做孩子们科学之路的启蒙人

石雷
中国科学院植物研究所研究员，资源植物研发重点实验室野生植物资源迁地保育及可持续利用创新研究组组长

　　说起指导高中生们一起做科研课题，中国科学院植物研究所研究员石雷十分兴奋。他说，之所以自己挤出时间、用业余时间，不计报酬地投入进来，就是源于北京青少年科技俱乐部的发起人王绶琯院士的那句"大手拉小手"的口号，人生要走很长的路，一路上常常要有人拉一把。

　　石雷坦言，自己也曾经有幸遇到几双"大手"，才"走进了科学"。现在能触到"小手"，作为他们科学之路的启蒙人，也算是回馈社会和他人的一份责任。

甘当绿叶只为让"科学苗子"走上科研道路

　　石雷认为，让这些潜在的"科学苗子"自由地接触科学，让他们接受熏陶，自由地选择热爱的专业。可能他们在参加了一段科研实践后，发现自己并不适合，就会绝了搞科研的念头，但也可能就此和科研结下终身的不解之缘。

"比如我们植物所，向这些孩子们开放的都是一线研究团队，孩子们在这里能看到这些博士硕士们、国内一流专家都在干什么，他们是怎样进行科学研究的。我个人认为，除去升学加分的功利因素，让孩子们提早进入实验室，

> ▶▶ 自己也曾经有幸遇到几双"大手"，才"走进了科学"。现在能触到"小手"，作为他们科学之路的启蒙人，也算是回馈社会和他人的一份责任。

其实就是一种课外活动，对于志趣已明、禀赋已显、常规课程已难满足要求的学生，为他们创造机遇，让这些学有余力的孩子们早点到科学社会中去接触科研、求师交友，无疑是个很好的选择。"

石雷认为，诺贝尔奖获得者很多人都是在30多岁就获奖了，他们在青少年时期往往就已经表现出极高的天赋和突出的特点。作为搞科研的前辈，即使再忙，也有责任引导这些"科学苗子"真正走上科研道路。

石雷曾指导一个北京八中的学生做关于盐碱地甜高粱幼苗耐盐性试验的项目。这个实验项目整整持续了一年，高三毕业时，这个孩子考上了武汉大学金融系，看似她今后的研究方向和植物学肯定没什么关系了，但在考研时，她却给石雷研究员发来邮件，说自己一直记得在高中时做的生物科研项目，因此选择了到美国攻读"生物经济学"硕士，并考虑将来要到联合国世界粮农组织任职。

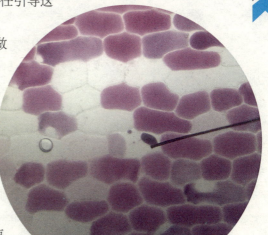

"我觉得这个孩子的例子就足以说明，科学

精神的浸润是看似无形，实则渗透到了骨髓。"石雷感叹道。

让学生从科研中发现自己未来的职业兴趣

"正是在科研实践的磨砺中，孩子们一步步地走向成熟，并因此来确定自己是否真正喜欢做科研！"石雷说，"如果没有热爱和执著，是很难在科研道路上前行的。"

他进一步解释道，基础科研其实很考验一个人的耐心，从如何定题目、找文献、设计实验、实施实验方案、找出核心问题、得出实验结果，到对得出的结论进行验证评估，看它是否合理，还要从中总结出创新点在哪儿。这比完成学校的作业难多了，学生们常常在清晨就投入到实验中，一直做到晚上 10 点，第二天却可能发现实验失败了，头一天的努力完全付诸东流。

只要搞科研、做实验，几乎就会与失败相伴。在一次又一次地重复，不知要重复多少次才能获得成功时，这些还只有十六七岁的高中生们能不能坚持下去，能否很好地控制和调节自己的悲观情绪，这是导师们需要密切关注的。"即使是最先进、最宏大的工程也会有琐碎、平凡的操作。"石雷说，"要想在科研这条路走下去，没有兴趣和毅力的人是不可能做出有意义的成果的。面对失败，即便在自己眼睛昏花、疲惫不堪时，依然有兴趣去琢磨问题究竟出在哪儿，执著于把问题想透彻的孩子——这才是做科研的好苗子。"

将收获放在未来

  1999 年，王绶琯院士发起成立了"北京青少年科技俱乐部"。对于王院士的理念，石雷非常认同。"王院士说，科技俱乐部是对那些被发现为'可能的科学苗子'而设的，让他们在十六七岁这一探索人生、发现自我的'志学'之年，能够置身于科学氛围浓厚的环境中，在他们能够发挥科学敏感性和创造性的时候得到启迪和切磋，使他们终身受益。"石雷说，"我觉得王院士说出了青少年科技教育的精髓。"

  "为什么我们在很多科研领域还处于落后世界领先水平的阶段？为什么我们的学生在数学、物理、化学、生物等考试中能够获得高分，也有机会接受良好的高等教

> ▶▶ 面对失败，即便在自己眼睛昏花、疲惫不堪时，依然有兴趣去琢磨问题究竟出在哪儿，执著于把问题想透彻的孩子——这才是做科研的好苗子。

人才故事·科研导师

育，却常常中途就离开了科学研究事业或只能成为一个普普通通的研究人员？原因很多，但很重要的一个原因就是在中学这一关键期没有机会得到科研的实践训练，使他们的科研热情和科研素质不能得到很好的挖掘和发展。"

石雷说，美国很早就制定了著名的"2061计划"，不仅在学校进行教育改革，而且形成了社会机制来推动青少年的科技创新活动。以 Intel 公司为代表的一些高科技企业，自觉地承担推动社会教育改革和培养青少年科技人才的任务。美国一些高新技术企业会举办很多竞赛，在这些竞赛中着力培养学生的创新精神与实践能力。一些美国著名大学当场提供奖学金吸引外国学生就读他们学校。一些科学家、高科技企业的 CEO 会约见优秀的中学生，对他们的研究成果进一步进行了解，甚至直接购买转化。

美国科学促进会每年会为学生中的科技精英提供一份课题指南。在这份指南中对中学生的课题选择有明确的说明，根据科学道德和人道主义的规范，规定了不能对脊椎动物进行的活体试验，对涉及调查对象隐私的内容未经许可不能在论文中公开披露，对引用他人的研究成果和数据实验必须注明出处。同时，在中学生科技创新竞

> ➤➤ **作为搞科研的前辈，即使再忙，也有责任引导这些"科学苗子"真正走上科研道路。**

赛活动中，他们也十分重视项目的原创性与实验的过程，比如需要查阅中学生实验数据和调查原始记录材料等。

石雷说："我们要将收获的希望放在未来，要把孩子从升学压力中解放出来，让他们有时间、有空间去参与和体验创造性实践活动。要尊重和容忍孩子的奇思妙想和个性差异，引导和鼓励孩子大胆质疑和独立思考。"

文 / 唐逸

人才故事·科研导师

感言：

　　学生确定科研题目、找文献、设计实验、实施实验方案，找出核心问题，得出实验结果，对得出的结论进行验证评估，每一个环节都少不了教授的指导。教授们往往倾注了大量心血，像彭晓峰教授这种在教学中追求完美的人，倾注的心血就更多了。

人才故事·科研导师

彭晓峰：
乐育英才甘献身

彭晓峰
清华大学原热能工程系教授，博士生导师，长期参与北京青少年科技后备人才培养工作，于 2009 年病逝

　　"自信、激情、正直、热心、恩师……" 对于一名已逝世的教授，当笔者试图去了解他，还原他的生平经历时，从他曾经的学生、同事处，听到的都是赞誉，以及对他英年早逝的惋惜。

　　在清华大学热能系一间不大的办公室里，杨震副教授接待了笔者，作为彭晓峰教授昔日的弟子，他清晰而沉静地回忆了老师教学、生活的点滴。那是一位为培养学生鞠躬尽瘁的大学教授，也是一位热爱青少年科技教育，将孩子们引向科学之路的导师。

热爱青少年科技教育事业的大学教授

　　彭晓峰 29 岁就被评为教授，那可是当时清华大学最年轻的教授。之后不久，他又被破格提拔当上了清华大学热能系的主任，同样也是当时清华史上最年轻的一位系主任。在人民大会堂，他和其他优秀的科技工作者们一起被授予了"长江学者"的荣誉称号。

彭晓峰教授的同事姚强教授这样评价他，那是一个以自己的锐利、简单和努力去工作，追求黑白分明的人。在彭晓峰教授的眼中，目标永远是那么简单，只要是对工作、教学、学科发展好的事情，付出再多也是应该的，即使收获的是误解。

杨震说，至今，有时一早来热能楼，他都会恍惚地觉得导师彭晓峰教授办公室的那盏灯还亮着。"从我进清华开始，每天早上七点多灯就亮了。常常夜深了，那盏灯也还亮着。那时，我们会走进去和他聊。聊学业是他最喜欢的话题，他是那么的健谈，对我们循循善诱。"

彭晓峰爱和学生交流，善于引导学生，培养出了一批又一批的精英人才。除此之外，他还十分热心青少年的科技教育，在北京青少年科技俱乐部成立后，就积极参与指导高中学生的科学实践，引导这些"科学苗子"打开科学之门。

"让这些'可能的科学苗子'去接触科研，了解科研是如何进行的，对大学教授本人而言，可能是件损己利人的事情，因为这会给教授本人增加很多的工作，需要耗费极大的精力。"杨震说，"比如学生确定科研题目、找文献、设计实验、实施实验方案，找出核心问题，得出实验结果，对得出的结论进行验证评估，每一个环节都少不了教授的指导。教授们往往倾注了大量心血，尤其像彭晓峰教授这种在教学中追求完美的人，倾注的心血就更多了。"

人才故事·科研导师

▼彭晓峰教授为参与"后备人才计划"的学生作报告

指导青少年科研实践坚持"追求完美"

进入 21 世纪，彭晓峰在紧张的科研教学之余，把越来越多的精力投入到了青少年科技教育中来，一方面指导北京青少年科技俱乐部的学生会员开展实验，一方面也积极参与北京青少年科技后备人才早期培养计划的一些活动，并亲自指导高中学生进行科研实践。

据杨震介绍，彭晓峰治学十分严谨，每一篇投稿及学位论文都会逐字逐句修改，一篇文章经常是通篇的批注和提问。同时，他在学术上又给了学生极大的自由度，甚至鼓励学生可以批判老师。为此，彭晓峰也赢得了同学们的爱戴，他的学生曾这样公开评价他："对科学执著、对工作勤奋、对科学方向有着异常敏锐的直觉。在科学问题上很理性，对学生更是舍得投入金钱和精力，让利于学生，对学生有很强的亲和力，足以凝聚一个庞大的课题组。"

而这样的理念，彭晓峰不仅只用在大学或研究生的教学上，对于前来进行科研实践的高中生，他也是这么做的。只不过针对这些高中生的特点，他又进行了一些更加细致的调整。初次进入真实的科研环境让很多孩子都不适应，无论是从立题、论证、实验步骤的设计，还是仪器的合理操作、实验记录等诸多环节，都需要导师耐心地加以指导或引导。尽管有研究生在，但彭晓峰投入的精力并不少，一个环节一个环节地指导、纠正。对于学生的疑问，他也是耐心地讲解，或者引导学生进行思考，让他们自己慢慢找到答案。

"他对科学执著和奉献的精神值得我学习一生"

除了在实验室指导学生，彭晓峰教授还积极参加"后备人才计划"的一些专题性活动，比如为高中学生作讲座，举办报告会。向中学生们介绍从事科学研究，需要活跃的思维和出自真诚的兴趣，要有理想主义的心态。这些报告会活动，对于推动"后备人才计划"的开展、普及、提升影响力，作用非常大，但往往也会占用彭晓峰较多的精力和时间，但是他从来不抱怨。他认为，只要是对孩子们有益，花这点时间和精力不算什么。

彭晓峰指导的北京青少年科技俱乐部和"后备人才计划"的学生一批接着一批，有的学生已走上科研一线，开始崭露头角；

有的学生进入了大学，读了硕士、博士；有的则已走向海外继续深造。不过，无论这些学生走到哪里，从事什么样的工作，他们的身上都留下了彭晓峰深深的印记。

"我觉得彭老师除了引导我走进科学，走上科研道路之外，更重要的是他身上那种对他人、对社会无私奉献的精神，那种忘我投入的科学家精神，还有强烈的责任感是尤其值得我在以后的人生中学习的。"一位曾参与"后备人才计划"，并接受过彭晓峰教授指导的学生这样说。

> ▶▶ 五年、十年你骂我，我不会在乎，因为我在尽培养你们的责任。假如十年以后你还骂我，那一定是我的错，因为这证明我没尽到培养你们的责任。

人才故事·科研导师

"假如十年以后你还骂我，那一定是我的错"

彭晓峰倡导自由开放的学术精神，一切以培养人为宗旨，并将其视为自己最重要的职责。他投入了大量的时间和精力，从教学、科研乃至日常生活等各个方面，全方位地关心学生人格的塑造和素质能力的提升。每周一晚上实验室的学术研讨会已成为坚持多年的惯例，他从不缺席。

他的理念始终立足于学生的长远发展，无论是对自己带的本科生、研究生，还是到实验室来进行科研实践的高中生，都是如此。他常常对学生们说，"五年、十年你骂我，我不会在乎，因为我在尽培养你们的责任。假如十年以后你还骂我，那一定是我的错，因为这证明我没尽到培养你们的责任。"杨震告诉笔者，彭晓峰教授的这句话至今他仍牢记于心。

文 / 唐逸

感言：

目前参与学生的数量已经足够，接下来应该谨慎扩大规模。每一个学生来参加这个活动，都是想做出点成绩的，以北京市的科研资源来说，确实可以再扩大范围，但前提是要保证项目质量。

杨希才：
高中生做实验 学技术也学思路

杨希才
中科院微生物所原分子微生物学中心研究员

在退休之前，杨希才曾经带过很多高中生做实验，但他表现得很淡泊，没有过多谈及自己对学生的教诲之功，只是强调提供给了学生一些平台和条件，对于"北京青少年科技后备人才早期培养计划"本身，他也提出了诸多中肯的建议。

高中生做实验关键在动手能力

杨希才从事植物病虫害研究已经30多年了。在住处附近的一间茶室里，昏黄的灯光下，他显得格外清瘦而内敛，谈到"后备人才计划"，他并没有太多情绪的表达，仿佛这件事只是他众多工作的一部分。

"其实也没有啥考虑，因为国内很多研究单位也会派人来我这里学习，不管是谁来，我都能接受，带学生来也是一样的。"当问他带学生是出于什么考虑，他的回答令人有些意外。杨希才回忆说，当初是中国病理生理学会向他提出这个想法，他很爽快地答应了。具体是哪一年开始带学生，他记得是2001年，但有些不确定，

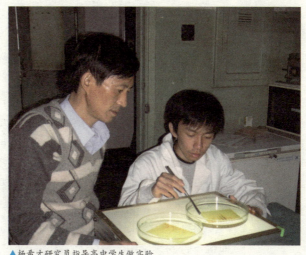

▲杨希才研究员指导高中学生做实验

可以肯定的是一直到退休那年，他还在参与"后备人才计划"，前后带过六七届学生。

对来到实验室的学生，杨希才有着一整套传道授业的方法，主要步骤就是让他们了解实验内容、学习参考书、掌握基本实验方法，然后才是动手实验。他又特别强调，对于学生实验任务的分配和平时的指导，他都是自己来做，绝不让其他人插手，"既然来了就要负责，学生是带着期望来的，是想学到东西的。"杨希才这样认为。

早年在美国做访问学者时，杨希才也曾带过两个中学生，他还拿中外学生做了对比，认为他们总体上没有大的不同，"我做的课题，都会给他们准备材料，他们动手时，都是现成的东西，只要按规范执行，实验结果出来就可以总结了。这其中所不同的，就是看各人的动手能力，我觉得不管是中国还是美国的学生，在这方面的能力是差不多的。"

由于平时也有外单位到研究所进修，杨希才并不觉得这些高中生给他带来了困扰，相反，有一些工作也需要让他们来完成，"比如，我的电脑水平不行，序列做出来以后，我就让他们放到电脑上去，他们可以按照规格把图案打出来，这对我的工作也是一定

人才故事·科研导师

117

人才故事·科研导师

的补充。"杨希才研究员笑着说。

没有结果的项目也应该可以评奖

不同届的学生，在实验室做的工作各有不同，有时是类病毒方面，有时是检测糖的含量，实验本身是连续性的，但对于学生来说只能是参与其中的一部分或一个阶段，这在一定程度上决定了实验结果。在杨希才看来，来到实验室的学生都很聪明，对实验本身又充满兴趣，只要给了他们平台和条件，都可以做出一点成绩来。

谈到实验结果，免不了要谈到获奖，杨希才颇为自得的是，他每年带的学生中，总会有人获得一、二等奖。最让他感到意外的是，2004 年清华附中有一位叫朱若辰的学生，他来实验室做的是桑树类病毒方面的课题，由于这是一种新的病原，2005 年做完总结后，他凭借该项目在国内外共获得了 25 个奖，其中包括 2006 年美国英特尔国际科学与工程大奖赛中的两项大奖。对此，杨希才总结道："获奖主要跟项目有关系，项目要新，最好是国内外都没有发表的。"而在实验背后，还有一些综合因素——杨希才对这个学生的印象是动手能力强，特别用心，家人也非常支持，父母亲甚至还陪他一起到桑树林去做实验观察。

当然，来做实验的学生中也有失败的，他们可能最后并没有结题。杨希才认为，有时候确实是学生投入不进去，最后放弃了，但有时候也

▼杨希才研究员（右）和指导的高中学生合影

是客观原因，比如有些项目持续时间长，而在学生参与的阶段内没有结果，自然就做不了总结。对此，杨希才建议，"在相关的评奖中，也可以考虑这些没有结题的，因为不同行业的研究时间不一样，有些需要时间长，有些时间短，像搞基础研究的，做得不好的也可以进行总结，这样的结果也是有意义的。"

要引导学生提出大人想不到的问题

杨希才对"后备人才计划"提出了一些建议。虽然在他自己的工作中，他并没有感到带高中生做实验会有难度，但他还

> **来到实验室的学生都很聪明，对实验本身又充满兴趣，只要给了他们平台和条件，都可以做出一点东西来。**

人才故事·科研导师

是认为让高中生进研究所会有一些麻烦，因为研究所并不擅长培养年纪小的学生，很多导师也没有这方面的经验，加之导师精力不够，这些学生进来后很可能做不出成绩。这需要进一步做些研究，探索出更好的路子。

在谈到实验中如何激发学生的创新思维时，杨希才认为，在中学生这个年龄段，所谓创新思维，主要是看他能不能提出大人想不到的东西，因为一般做实验都是按常规的方法，而学生因为经验少，有可能突发奇想，提出简单一点但也能解决问题的方法。不过，在杨希才印象中，似乎很少有学生提出过这样的问题。

在他看来，每一个来到实验室的学生都是一张白纸，都具有很强的可塑性，而这个学生最后能做出什么来，跟研究的环境、项目的质量、导师的水平都很有关系。虽然客观来说，无论实验是否完成，学生都会有收获，但没有实验结果，多少还是会让学生有些失望，因此北京市科协对这些问题还是要细致考虑。

文/洪广玉

人才故事·科技教师

人才2O年 北京青少年科技
后备人才早期培养计划

感言： 　科技活动的开展、科研课题的研究需要一个具备综合素质的人，比如查阅资料的能力，选择有价值选题的能力，进行有效探索和实验的能力，有团体合作精神、求真务实的精神等，这些正是我们学校教育的培养目标。

李惠兰：
培养孩子们成才是教师的职责

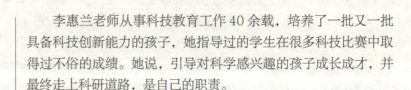

李惠兰
全国优秀科技辅导员，从事科技教育 40 余载

　　李惠兰老师从事科技教育工作 40 余载，培养了一批又一批具备科技创新能力的孩子，她指导过的学生在很多科技比赛中取得过不俗的成绩。她说，引导对科学感兴趣的孩子成长成才，并最终走上科研道路，是自己的职责。

科研是对孩子们综合能力的锻炼

　　科技活动的开展对提升学校的教育质量，提高学生的全面素质肯定有很大的帮助。科技活动的开展、科研课题的研究需要一个具备综合素质的人，比如查阅资料的能力，选择有价值选题的

120

能力，进行有效探索和实验的能力，有团体合作精神、求真务实的精神等，这些正是我们学校教育的培养目标。

首先是动手能力和自主学习能力的锻炼。在参加实验的过程中，老师的工作主要是对孩子们的操作进行积极的引导和启发。同时也要靠学生自己发挥主观能动性，去发现，去创新。"尤其是在实验室做一些具体的实验，学生必须自己动手进行操作，在遇到不明白的问题时，他们往往要查阅相关的课本、文件等资料，弥补自己在基础知识上的不足，这就是一个自主学习并且快速把看到的知识消化、吸收的过程。你必须尽快地把这些知识吃透并与实验相结合，找出其中的错误及产生错误的原因。"李惠兰老师说。

"后备人才计划"中科研成绩突出的孩子要参加比赛，而参加比赛就少不了与他人的语言交流，这对于还没有出校门的初高中生们来说的确有些吃力，尤其是对于那些在初中生里不算活跃的孩子。李老师回忆，有一个沉默寡言、非常腼腆的男孩儿给她留下了深刻的印象。在李惠兰老师的帮助下，他成功地把自己的科研项目展示给了众多评委并获奖，并因此而被保送至北京某重点大学。"只要孩子们想做科研，哪怕没有做科研需要的一些基础，作为老师的我们也很愿意帮助他们完成自己的心愿，参加这个计划的目的就是帮助大家成长，克服自身的弱点。"李惠兰老师说。

> ❯❯ 只要孩子们想做科研，哪怕没有做科研需要的一些基础，作为老师的我们也很愿意帮助他们完成自己的心愿，参加这个计划的目的就是帮助大家成长，克服自身的弱点。

要善于挖掘孩子们的潜力

要让孩子确定合适的科研实践项目，最重要的是看孩子对该

人才故事·科技教师

▲李惠兰和学生们在一起

项目是否有浓厚的兴趣，这样很可能从一些看似不相干的事情上获得灵感，推进自己的研究。而选择自己不感兴趣的项目，会成为一种负担，不但来不了灵感，更可能半途而废。强烈的兴趣可驱使他们对项目产生好奇心，充满想象力。做科学实验，想象力比知识更重要。

在李惠兰老师接触过的众多学生当中，还有一位同学给她留下了深刻的印象。这个人就是杨歌，他曾经是景山学校的一名学生。在李惠兰眼里，杨歌是一个非常有个性的孩子，他平时在学习上的表现比较散漫，但他特别爱琢磨问题、勇于发言，很有做科研的天分。

看到杨歌的这些优点，李惠兰老师认为不让他做科研对于他的才华来说是一种浪费，于是他成了李惠兰老师的重点培养对象。杨歌在课余时间积极参加学校的科技活动，一进高中就参加了当年的"后备人才计划"。在李惠兰老师的帮助下，经过不懈努力，他成功研制出可以直立行走的"两足机器人"。该项目获得了第56届英特尔国际科学与工程大奖赛工程学二等奖，在全国创新大赛和北京创新大赛上也都获得了重要奖项，成了名副其实的"小小科学家"。

降低科学奖励的功利性

"后备人才计划"实施之初的工作异常艰难，当时正处在高考应试教育的大背景之下，学习成绩的好坏是衡量一切行为的标准，老师、同学和家长都紧盯高考这根指挥棒，根本没有人把"后备人才计划"当回事。"学生们不愿意参加这个计划，觉得耽误学习时间，家长们更是极力反对，压力特别大。"李惠兰老师说。

无奈之下，她和其他老师只得挑选成绩中等、头脑灵活的孩子，不厌其烦地做思想工作，后来总算有些感兴趣的同学加入了进来。

从 2002 年开始，参加"后备人才计划"并获得重要奖项的同学高考可以加分，成绩突出的还可以保送至北大、清华等高等学府。此政策一经出台就激起了学生参加的热情，大家纷纷报名参与其中。李惠兰老师的工作也变得容易起来。然而，好景不长，没过多久她就发现了新的问题。

她说，同学们取得科研成果之后每年都要进行各式各样的比赛，有北京市举办的科技创新大赛，也有全国性的青少年科技创新大赛。在这些比赛中，通常会把参赛选手分为一、二、三等奖获得者，这些同学往往会成为加分照顾和保送高等学府的对象，而其他没有获奖的同学则没有任何荣誉可言，这就造成不利的影响。

这其实还是高考在作怪，家长们为了能让孩子取得好成绩以获得高考加分的资格，千方百计地动用自己手上的"资源"，这

人才故事·科技教师

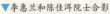
▼李惠兰和陈佳洱院士合影

就造成了比赛的不公平性。于是，从 2004 年开始，政府着手制定新的政策，取消"后备人才计划"的加分优惠。但是这个有助于"后备人才计划"健康发展的政策到 2013 年才能正式实施，也就是说 2012 年是高考加分政策最后一年，这也加剧了当年"进军"这一计划的竞争。还有一点就是，获奖的同学收获颇丰，而没有获奖的同学只有灰心和失落，这对孩子的心

>> 应该尽早落实取消高考加分的政策，减少科研功利性。其实无论是为了高考，还是为了其他功利性的做法，都不应该介入到孩子们的科研项目中来。

理健康是不利的。

回顾 2012 年，"后备人才计划"已实施了 12 期，影响力越

▼李惠兰老师（左）生活照

▲李惠兰老师带领学生参观科技馆

人才故事·科技教师

来越大。而对于以后要如何更好地进行下去，李惠兰老师认为，应该尽早落实取消高考加分的政策，减少科研功利性。其实无论是为了高考，还是为了其他功利性的做法，都不应该介入到孩子们的科研项目中来。

"后备人才计划"的根本目的就是让孩子们提前了解什么是真正的科学，激发他们内心深处对于科研的向往，从而培养出一批科学态度端正、科学素质优良的科技后备人才。为了减少比赛的残酷性对孩子们的伤害，李老师建议以后的比赛不要再设立一、二、三等奖，而是分为出色、优秀、良好三个等级，每个等级各设若干名获奖者。"传统的奖项设置方式会打击那些没有获奖的同学进军科学的信心。而我们知道，对于科学来说，一次比赛的结果并不能说明什么。"李老师说。

文／王蒙

感言： 参加"后备人才计划"的学生首先扩充了知识面，在自学能力、观察能力、与人沟通能力方面都有了全面提高，也学会了正确的解决问题的方式、方法。同时，他们也变得更加自信，懂得如何更科学、理性的生活。

刚永运：
科技教育更要讲方式、方法

刚永运
全国十佳优秀科技辅导员、北京师范大学附属实验中学科技教师

很难想象，看起来很年轻的刚永运老师做科技教育已经十多年了。2001 年，当他研究生毕业，来到北京师范大学附属实验中学时，他只是一名普通的生物老师，科技教育也并不是学校的传统优势项目，但他有幸亲历了一个学校科技教育从薄弱到丰厚的过程。在这中间，他和同事们付出了很多，也得以建出自己的一片园地。

发挥所长建立优势项目

"我是正儿八经搞过科研的，对科研的把握比原来的老师强一点。"这是刚永运老师接手科技教育时的认识，而他所说的"强一点"，是指他作为植物学专业的研究生，有着相对规范的实验

▲2009 年 3 月在北京教师论坛上介绍科技活动方案

▲在北京创新大赛与蔡晓东校长及获市长奖的同学合影

人才故事·科技教师

室科研经历，对课题研究的流程有更多理解。2001 年之前，学校重视的主要还是传统教学工作，科技教育方面相对薄弱，刚永运和另外几名老师被"委以重任"，开始了这项全新的工作。

工作的第一步是组织学校力量开设了"科学研究"和"综合文科"两个科目。所谓"科学研究"，就是教学生怎么规范地进行科学研究，而"综合文科"则是为了提升学生的人文素质而设立的。当时学校设有全国理科实验班，共有20 多名学生，因为这些学生可以被保送进大学，没有太多升学压力，于是成了开展"科研"的主力。刚永运老师经常领着这些学生参加"野外科学考察"和"科学名家讲座"等活动，逐步

>> 最行之有效的方法是让学长们"传帮带"。每年 9 月新生入学，之前获奖的学生会在新生面前现身说法，讲述参加科研活动的感受和收获，激发他们的兴趣。

激发学生的科研兴趣；在"科学研究"课上，刚永运老师与其他老师一起系统地向学生讲解从查文献、设计实验、处理数据到最后形成论文，以及答辩的过程和方法，涉及的主要是课题研究的具体方法与实践。

> **应该加大高校实验室老师的投入度，如果他们不能更多地亲自指导，也要尽可能把学生托付给有经验的研究生或博士生来指导。**

2000 年，学校成立了一个智能机器人小组，由于方法得当，孩子们也十分投入，2002 年参加北京青少年科技创新大赛时，这个项目就拿到了一等奖。此后，学校每年都会有一两个智能机器人项目，并逐渐做成了学校的传统优势项目。与此同时，刚永运老师也充分发挥自己的特长，在植物学方面指导学生开展一些课题研究项目，并取得了初步的成绩。

2005 年，通过各方努力，学校重新获得了"青少年进实验室"项目的名额，推荐了两名学生参加北京青少年科技后备人才早期培养计划。后来由于全国取消了理科实验班，参加科研项目的同学只能从普通班中挑选。为此，刚永运老师的工作方式也面临转变，他需要在学生的功课和科研方面进行更好的平衡，比如在挑选学生时，重要的一点就是"学有余力"，同时要充分征求家长的意见，获得家长的支持，在进入科研活动时，要跟学生所在班级的班主任、课堂老师打好招呼，并密切关注学生的学习成绩，尽量不影响正常学习。

有人有地，还要有方法

从头开始做科技教育也并非全是坏处，因为有机会把自己的想法付诸实践，为科技教育找到一些新的路径。刚永运老师把他的经验总结为：硬件上有场所、软件上有人管、方法上有人指导、做完有人认可、经验上有人传帮带，这几个方面缺一不可。

"以前是散兵游勇，有了科技活动办公室后，学生有这方面的兴趣，他知道上哪里去，找哪个老师指导，这很重要。"刚永运老师认为，科技教育需要整个学校从软硬件设施、组织机构上给予一定保障。

虽然科学研究涉及的领域很广、科目很多，但做研究本身有很大的共性。刚永运率先引进了按照研究生的规范做模拟结题答辩、开题论证的方式，这在北京市的中学里是首创，甚至令应邀参加指导的专家们感到吃惊，但这些"高要求"对于学生来说都是必须经历的。

对于刚刚开始做科研的学生，因为面对的是一个全新的领域，所以往往会有一段艰难的"过渡期"，而要迈过专业的坎，适应新的环境，就需要外力帮助。刚永运老师认为，要培养学生自己思考解决问题的能力，当他真正解决不了时扶一把，"要注意观察学生的情绪，他们碰到了挫折会很苦闷，要给他们适当鼓励。"

最行之有效的方法是让学长们"传帮带"。每年9月新生入学，之前获奖的学生会在新生面前现身说法，讲述参加科研活动的感受和收获，激发他们的兴趣。到了第二学期的3月份，开始进入比赛，这些学生又会给新生讲解如何设计课程，如何开展实验。

人才故事·科技教师

到了五、六月份，报名参加活动的学生要开题做论证，并即将进入实验室，这时候他们可以边学边做。通过开题、做科研、结题比赛这三个阶段融合在一起，学生有完整的体验过程，同时能够形成良性循环。自从 2007 年开始实行这一方法后，学生参加科研的规模有了显著提升。"师哥师姐做了哪些，他们一边观摩一边实践，学得特别快。"刚永运老师说。

在科技活动办公室，记者还看到了一本厚厚的"书籍"，其中整理了每个做科研的学生的足迹档案，包括学生信息、获奖级别、研究论文和活动照片等，内容很多但一目了然。"这一本是2002 年到 2009 年的，获北京市一、二等奖的项目有 34 个，目前正在整理 2010 年到 2012 年的，这三年来拿到同样奖项的就有 42 个项目，这说明什么？说明只要按照正确的方法进行指导，效果就会非常突出。"刚永运老师说。

好的平台还需要不断完善

能够参加"后备人才计划",走进重点实验室做科研并最后
坚持下来的学生,无疑是幸运的。刚永运老师认为,一方面,这
些学生很大程度上扩充了知识面,在自学能力、观察能力、与人
沟通能力上都有了全面提高,也学会了正确解决问题的方法。另
一方面,这些学生也变得更加自信,懂得如何更科学、理性的生活,
他们的这些改变还影响了周围的同学。可以说,这些短暂的经历
将会潜移默化地影响孩子的一生。

不过,刚永运老师也毫不讳言,并不是所有的孩子都能坚持
下来。进入高校实验室给学生提供了一个很好的平台,一个接触
前沿科技的良好环境,但如何让这个平台更加完善、让各方面的
衔接更加顺畅也值得思考。

刚永运老师建议,应该加大高校实验室老师的投入度,由
于这些专家有本职工作,确实太忙,如果他们不能更多地亲自
指导,也要尽可能把学生托付给有经验的研究生或博士生来指
导。此外,希望"后备人才计划"能够每年对参与的老师进行
集中培训,以了解相应的知识,这样老师可以更好地辅导学生,
帮助学生入门。

"做科技教育本身是很有意义的,它给我带来了荣誉感,但
它更多时候是一份责任。"这是刚永运老师对多年来从事科技教
育的理解,没有这份责任感,就不会坚持下来,而只有坚持,才
能看到科技教育的美好明天。

文／洪广玉

人才故事・科技教师

感言： 老师自己要有人格魅力，得让学生服你。比如在一些专业方面，你必须要懂，否则说不到点上学生就不会信服你。还有，老师一定要肯付出，忘我地投入，学生才会同样地投入。

人才故事·科技教师

高颖：
专注科技教育 激发"正能量"

高颖
北京市第八中学科技教师、全国十佳科技教师

当谈到科技教育，谈到孩子们做实验时，高颖老师的身上满是信心和热情，她的这种情绪甚至能感染你，让你不得不对科技教育这项工作刮目相看，并对它的未来寄予更高的期望。

为青少年在科技领域搭建一个厚实的成长平台

2002 年，高颖老师来到北京市第八中学工作。因为多年来都是教授生物，有较好的科学理论基础，几年后，高颖被学校申报为科技教师，工作重点也转向了青少年科技教育方面。

北京市第八中学历史上就非常重视素质教育，其中更是少不了科技活动。高颖老师刚到学校时，新建好的教学楼 6 层正好有个 200 多平方米的温室，但由于里面太热，什么也长不了，开展不了研究，高颖老师的科技教育就从改造这个实验室开始，从整体策划到实施建设，她都是一手操办。在实验室还没完全建好时，就有学生上来看，开始做一些课外活动。

实验室改造完成后，当时的老校长提出了一个建议，让学校和社会上的科研单位开展合作。当时高颖老师还有些不理解，但后来就知道了它的意义。通过北京青少年科技俱乐部的介绍，八中和中科院植物所建立了联系，在植物所的大力支持下，有4位专家参与到了指导八中学生进行科学研究的工作中来。当时，专家指导下的这20余名学生所做的17个项目都取得了不错的成绩，不少项目还在各类青少年科技大赛上获了奖。

随着这些学生科研实践活动影响力的增大，参与的学生也越来越多，每年高一新生入学时，都会有不下200人报名参加不同的兴趣小组。由于学生众多，老师的精力和数量也有限，学校还尝试着让学生"自我管理"。2012年10月，趁着北京市学生科技节的开幕，"北京八中少年科学院"也宣告成立，它的徽标由

人才故事·科技教师

▼高颖老师在进行科技教育讲座

孩子们自己设计，少年科学院的院长、副院长及各部的部长等都由热心为同学服务的"科学迷"们担任。

目前，北京八中正在打造工程技术类和科学研究类两个团队，为此又聘请了20多位科技老师。高颖老师强调说："我们要为学生在科技领域搭建一个厚实的成长平台。"

做科技教育，收获"正能量"

高颖老师说，现在，我们八中除了请大科学家来指导学生搞科研实践，学校的"小老师"指导也很有用，比如请已经工作了的师哥师姐们回来，对学生承担的具体项目进行有针对性的授课和指导，师哥师姐们的现身说法不仅能引导学生的职业观念，还能令在校生更能懂得科研实践学习对于成长的重要性。

当孩子们的兴趣渐浓，需要向专业领域进一步拓展时，往往

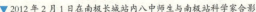
▼ 2012 年 2 月 1 日在南极长城站内八中师生与南极站科学家合影

会遇到瓶颈期，对于做具体项目，进重点实验室学习的同学来说尤其如此。在这个过程中，老师的指导就显得非常重要了。"开始时学生往往不会跟专家交流，因为他们什么都不懂，这时就要鼓励他，让他明白怎么跟老师打交道，等他学会基本的方法，过了这一关，他的学习能力就很容易增强了。"高颖老师说。

在参加实验的过程中，也会有学生想打退堂鼓。"有个学生，开始特别认真，但后来有段时间躲着我，我要追着他走，后来才知道他遇到研究瓶颈了，这时候我

> **>> 对于这些科技教育活动来说，学生能够完成项目并最终获得奖励当然很好，但他们在其中的成长才是最重要的。**

就鼓励他，教他要学会负责任！"高颖老师很看重孩子们的责任意识，"这个计划，是北京市政府的一个重点项目，管理上很规范，也会与家长沟通教育理念，把一些规定或原则事先说好了。不能说到中途了因为孩子要补课，没时间就不坚持了。"

对于具体带学生的方法，高颖老师认为关键是老师要言传身教，老师自己要有人格魅力，得让学生敬服你。"比如在一些专业方面，你必须要懂，否则说不到点上学生就不服你。还有老师一定要肯付出，忘我地投入，学生才会一样投入。"实际上多年来，高颖老师几乎所有的假期时间都用在了陪学生上面。高颖老师称，因为陪父母亲的时间太少，心里觉得特别愧对他们。

在辛勤付出之后，高颖老师也谈到了自己的收获。"这些工作让我也有了更多的收获，其中最大一条就是对什么事都特别看得开，接触了很多人，能感觉到正能量。那些很优秀的科学家，他们非常有智慧、有胸怀，跟这些人打交道不累，境界也会有提升，甚至灵魂会得到净化，社会责任感更强。跟他们在一起，就是做事情，就是培养学生。"高颖老师说，专注地做科技教育，幸福感很强。

人才故事·科技教师

▲高颖老师参加市科技竞赛获奖

要给孩子们的科研实践
一个科学的评价机制

"只要这些孩子们走进实验室,哪怕是最终没有完成实验,也会受益良多。"高颖老师说,前几届有一个叫李博翀的孩子,初三在美国做交换生,在那儿喜欢上了"神经生理学",回来以后很希望继续学习,正好"后备人才计划"中首都医科大学有这个项目,就分给了他。

由于实验室的客观规定和神经生理学实验的特殊性,他无法做实验,也完不成研究报告,但是高二毕业后,他就被美国杜克大学录取了,如今本科刚学完就已经在《science》杂志上以第一作者身份发表了文章。"在当时,他虽然不能做实验,但每周六也都来参加例会,假期还跟着老师观摩,从中学会了做实验的方法,到了大学,他就能直接上手做实验了。"她说。

高颖老师认为,对于这些科技教育活动来说,学生能够完成项目并最终获得奖励当然很好,但他们在其中的成长才是最重要的。她发现,科技教育首先改变了学生的学习状态,不再被动式的学习,而是他们自己要学。其次是掌握了好的学习方式和学习方法,学生的学习会更加轻松。最后,孩子们在做科研的过程中,变得更有志向、更有社会责任感。

当前,各类科技教育活动越来越多。高颖老师认为,这些项目本身都很好,平台也不错,说明国家越来越重视科技教育,但在具体管理上还需要深入研究。由于不同项目出自不同系统,针对不同系统有很多事务性工作,特别费时费力,真正做科技教育的时间反而被挤占了。因此,如果能有更高层面的统一规划,科技教育的效率和水平将会大大提高。

高颖老师还觉得，目前全社会对于科技教育的成绩还缺乏肯定。对于学校的科技老师，由于没有专设科技教师职位，业务如何发展、出路在哪、老师的工作谁来认可等这些问题都还没有明确规定。"科技教育绝对不是游离在学校的整体教学之外的，希望有关部门从行政上有个明确的界定，让学校把这块工作跟教学密切结合起来，这样会使更多的孩子受益，我们的教育改革也会真正落到实处。"这是高颖老师的希望。

此外，虽然科技教育让孩子们的能力得到了显著提升，但目前还没有一套科学化、能量化、客观的、简洁的、真正适合中国国情的评价机制。高颖老师很肯定地说，"科技教育的前景非常美好，但需要更多的人投身其中。"

文／洪广玉

人才故事・科技教师

感言：

让青少年参与科学研究，一方面会让同学们的思维方式得到拓展，另一方面也会培养他们的学习能力及克服困难的勇气，这些都是青少年学习中不可多得的"软实力"。

赵胜楠：
赶上了科技教育的好时候

赵胜楠
北京市第八十中学科技教师

见到赵胜楠老师，是在北京市第八十中学的一间办公室。那时她在对一名同学设计的"正反项螺纹碎雪机"课题进行指导。

随着上课铃声响起，接受指导的学生又回到教室，开始下午的课程。这正是八十中"后备人才计划"培养的一个写照：培养学有余力的学生，利用课余时间进行科学研究。

组织各种科学小组，为学生搭建科技实践活动平台

2002 年，大学"天体物理"专业毕业的赵胜楠老师，来到北京市第八十中学担任"科技教师"一职。和其他"半路出家"的科技教师相比，赵胜楠老师可谓是"科班出身"。

刚刚走上科技教师岗位的赵胜楠老师赶上了"好时候"，青

少年科技后备人才早期培养计划在2004年被纳入了北京市委"人才折子工程"。与以往的青少年科技教育活动不同的是，这个计划更着眼于对学生们科技精神、科学兴趣的培养。

基于这种理念，以赵胜楠老师为代表的八十中科技教师队伍，不断创新科技教育模式，并在10年的时间里，培养了众多的青少年科技"后备军"。而学生们一个又一个的骄人成绩，也让赵胜楠老师倍感欣慰。不过在赵胜楠老师看来，学生们取得的成绩固然让人欣慰，但科技教育对青少年的影响，却远不止于此。"我们的这个'计划'在培养学生自主思考、动手动脑、合作探究的同时，更能培养学生的创新精神和实践能力，让学生树立正确、科学的思想和生活态度，甚至会影响他们以后的科学观、人生观和世界观，造就良好的人文素养，实现真正的全面发展，日后真正成为国家的栋梁之才。"赵胜楠老师说。

帮助学生走进实验室，与科学家一起做科研

随着八十中青少年科技教育的深入，学生们研究的课题越来越专业和高深，而学校为学生们提供的科研平台也随之水涨船高，一些学生有幸进入北大、清华、北航等著名高校及中科院的实验室，和科学家们一起进行科研活动。

据赵胜楠老师介绍，目前，许多学生的研究课题都会涉及一些相对高端的领域，他们的知识积累，已经远远超出了高中阶段的学习程度，由于中学在科研方面的

> 由于中学在科研方面的师资力量和硬件条件相对薄弱，会束缚学生创新能力的提高，作为科技教师，有责任为学生们提供更加优质的资源。

师资力量和硬件条件相对薄弱，会束缚学生创新能力的提高，作为科技教师，有责任为学生们提供更加优质的资源。

对实施中的"后备人才计划"，赵胜楠老师很兴奋："学生们

人才故事·科技教师

▲八十中学生在德国纽伦堡国际发明展上向参观者介绍自己的成果

有机会进入国内顶级实验室，这不仅让学生们能更好地完成自己的科研课题，还能让他们更早地接触高端的科学环境，启迪科学思维，激发他们对科学探索的兴趣，使他们接受科学精神、科学道德的熏陶，并掌握初步的科学研究方法和技能，培养具有创造精神和创造能力的高素质青少年人才。"

在她看来，这些活动让同学们有机会接触到国内顶尖的科学家，聆听他们的讲座，甚至同他们一起工作、一起实验，得到科学家们面对面的指导，在潜移默化中培养自己的科技精神，这对学生们来说是终生受益的。

科技教育点亮人生舞台

赵胜楠老师对在科技竞赛中获奖学生的成绩进行过一次统计，统计的结果显示：在科技比赛中获奖的学生，学习成绩不仅没有下滑，反而比入学时有了很大提升。

赵胜楠老师认为，学生合理利用业余时间，从事科学研究，不但不会影响日常学习，相反，科技实践会成为日常学习的助推剂。"参与科学研究，一方面会让同学们的思维方式得到拓展，另一方面也会培养他们的学习能力及克服困难的勇气，这些因素，都是青少年学习中不可多得的'软实力'。"

赵胜楠老师同时认为，科技学习不仅有助于提高学习能力，更对青少年性格塑造及日后的发展有着巨大的帮助作用。

在赵胜楠老师从事科技教师工作的 10 年里，有许多坚强的学生，带给过她深深的感动，其中一个身残志坚的残疾女同学，更是给赵胜楠老师留下了终生难忘的印象。

据赵胜楠老师回忆，那位女同学是一名聋哑人，听力很差，要戴着人工耳蜗才能勉强听到声音，由于听力受损，她说话时口齿也很不清晰，和同学们日常的沟通都有很大的障碍。

然而，就是这样一位残疾学生，却对计算机和美术有着浓厚的兴趣，在一次八十中与某著名国际手机厂商联合举办的竞赛中，这名女同学凭借自己的一套新型手机设计图纸，获得了该大赛一等奖的优异成绩，不仅如此，她所设计的新型手机，甚至得到了该企业总裁的赏识。

赵胜楠老师对那位女同学在颁奖仪式上的表现印象深刻："那位同学用自己并不清晰的声音，滔滔不绝地介绍着自己的产品，发音吐字虽然有些模糊，却铿锵有力，在她的眼神中，闪烁着兴奋与自信。"

赵胜楠老师认为，身体的残疾，是先天的缺憾，但后天的努力，却更能证明自己的能力，参与科技创新活动，让这名残疾女同学找到了证明自己的舞台，让她收获了成功与自信。在她看来，这正是青少年科技教育送给她最珍贵的礼物。

文 / 隋鹏

人才故事・科技教师

人才20年 北京青少年科技
后备人才早期培养计划

感言：
学生们参加这个计划虽然最后没有出什么具体成果，但普遍反映还是相当不错的，都觉得收获不小，长了很多见识。

人才故事·科技教师

肖强：
参与计划，没具体成果也有收获

肖强
北京市平谷中学科技教师

北京的青少年科技教育一直走在全国前列，除了主城区各学校的重视，不少远郊区学校也在这方面下了不少工夫，给适龄的青少年学生创造了更好地参与科学实验的机会。

对于这点，平谷中学科技老师肖强感受颇深。他说，不管最后结果如何，学生们只要参加了这个计划，或多或少都会有一些收获。

没出具体成果不代表没有收获

2011年，平谷中学第一次参加北京青少年科技后备人才早期培养计划。从参加这个计划起，肖强老师就着手挑选条件适合的学生，后来有5个孩子参加。在这些学生中，李学伟选了化学清洁能源项目，蔡明皓选了农业培养项目，贾骏宇选了化学催化剂项目，张梓轩选了北京航空航天大学的一个项目，王新伟选了编程类项目。

不过，因为是首次参加这个计划，这批学生也遇到了一些意料之外的困难。比如有学生去了几次，因为学校要补课，所以没能坚持下来。有个学生前后参加了 10 次活动，导师给予了很多指导，但因为具体课题确立比较慢，再加上学校有补课，也没有坚持下来。

> >> **如果能够针对郊区的环境、资源寻找一些科研项目，比如动植物检验检疫等，开展实验可能更容易一些。**

这些学生中，王新伟是情况是最好的，他选了编程类项目，在老师布置了任务后，跟着大三、大四的学生做编程，在放暑假的前段时间参与了很久，后来封校，就按照从网上发过来的资料在家里编，中间小有成绩，不过等到开学以后也没有再去。

肖强老师说，学生们参加这个计划虽然最后没有出什么具体成果，但普遍反映还是相当不错的，都觉得收获不小，长了很多见识，对于科学有了很多更具体的、更感性的认识，也有了更强烈的兴趣。王新伟就表示，以前对编程一点都不懂，后来学会了一些编程的基础知识，对于很多仪器也有了新认识，极大地开阔了视野。

"我挺适合做科技教师的"

"做科技项目费时费力，不努力得不出成绩，取得成绩也没有多少回报，所以初中老师很少有人愿意长期做科技教师，不过由于教师评级要先当两年班主任，当科技教师算是班主任，所以年轻人愿意干两年，但两年后就不做了。"肖强老师介绍说，2003 年时，领导交给自己一个任务，让他和学生一起做化学小题目，这个项目后来在北京市获得了创新大赛三等奖，他就这样

▲肖强老师和学生一起参观教学植物园活动

做起了科技教师。

肖强老师认为，自己挺适合做科技教师的，"脑子闲不住，有个想法就想做出来，因此每年都会想一些项目，比如创新实验室、机器人比赛、科技论文比赛、小发明比赛等，也取得了一些小成绩。"

郊区的项目应该首先考虑可行性

肖强老师认为，"后备人才计划"本身的意义毋庸置疑，关键在于如何操作。比如每个郊区都有本地高校，可以联合本地高校为主要基地开展项目，学生就近参加，不一定非要联系"211工程"等重点大学。如果是去北京市高校参加实验，也可以利用寒暑假把学生集中起来，跟夏令营一样，学校提供必要的住宿即可，让学生专心做一段时间。

另外，在选题设计上，肖强老师觉得，应该综合考虑学生的参与能力，以可行性为第一要素。目前备选的项目中，都是知名专家的重点实验室，学生都很向往，但是大课题底下有无数个小课题，实际上学生并不真正理解，他最后选择的项目很可能操作不了。如果能够针对郊区的环境、资源寻找一些科研项目，比如动植物检验检疫等，开展实验可能更容易一些。

文／洪广玉

成才经验

1 勤奋刻苦，抓住机遇入选培养计划
2 坚持梦想，在艰苦的科研实践中自我蜕变
3 求学归来，最终走上科研之路

白凡：
科研人生从这里起步

白凡

北京师范大学附属实验中学原学生，北京青少年科技后备人才早期培养计划第 1 期学生，现任北京大学生物动态光学成像中心副教授

人才故事·后备学生

"鱼，我所欲也，熊掌，亦我所欲也；二者不可得兼，舍鱼而取熊掌者也。"这句出自孟子《鱼我所欲也》中的典故，用在少年时期的白凡身上却有点不相称。这位从高中起就开始痴迷物理、生物的高中学生，一直盘算着两者兼得，做点"交叉学科"研究。事实上，他做得很好。

上高中时，白凡参加过第一批北京青少年科技后备人才早期培养计划，从中受益颇多。现在，白凡作为北京大学生物动态光学成像中心副教授，正带领着自己的科研团队，运用物理的方法来研究当前生命科学的前沿课题。

勤奋刻苦，抓住机遇入选培养计划

白凡小时候性格内向，寡言少语，平日里最喜欢看书、动手做模型，学习成绩一直很好。1995 年，白凡初中毕业。由于学

> 一次次反复做实验，一次次反复记录、整理，短短不到两年的课外科学实践经历，既锻炼了我的性情，又促进了我的成长。

习成绩优异，他被选送到北京师范大学实验中学上学。那年才15岁的白凡第一次背起行囊远离湖北老家，孤身一人来到北京求学。

一年后，学习成绩优异的白凡迎来了一个特殊的机遇。这一年，北京市科学技术协会在众多科学家的倡议和支持下，充分利用中央在京科研院所的资源优势，大力发现和培养有志于科学研究的优秀青少年，建设科技人才后备梯队。于是，北京各中学都积极推荐自己的优秀学生。白凡有幸成为了推荐名单上的一员，并且顺利通过了笔试、面试。

坚持梦想，在艰苦的科研实践中自我蜕变

那时，当得知可以进入知名大学实验室跟专家做科研的时候，兴奋之余的白凡第一件事就是选择做课题的学校。有北京医科大学、北京大学、中国协和医科大学可供选择，许多与白凡一同晋级的同学有点发怵，白凡一直喜欢生物，所以很快就选定了中国协和医科大学。

那年，他的科研导师是他的面试官，也就是现任中国协和医科大学副校长何维。与白凡同进这个实验室的同龄伙伴喜欢动手，胆大心细，两个人合作起来非常顺利。

回忆起当年实验室的场景，白凡最大的感受就是汗如雨下，倍感辛苦。他说，那年夏天，实验室里没有空调，热得出奇，就这样他们还要穿着白大褂，手戴消毒手套在洁净台做实验。

"一次次反复做实验，一次次反复记录、整理，短短不到两年的课外科学实践经历，既锻炼了我的性情，又促进了我的成长。"白凡说，他在开展这次实验的过程中，交际能力、合作能力、科

研能力都得到了提高。

求学归来，最终走上科研之路

高三那年，白凡由于物理竞赛成绩优异，被保送到北京大学物理系。大学毕业后，白凡在英国牛津大学物理系攻读博士、博士后，一待就是6年，随后两年又在日本大阪大学攻读博士后。海外求学8年，白凡成长为一名优秀的科研人员，并开始在国际学术领域崭露头角。"可以说，高中时在实验室做课题的经历，对我后来的科研帮助非常大。"白凡说。

2011年的一天，身在日本的白凡接到从国内打来的电话。这个电话是北京大学长江学者、美国科学院院士谢晓亮打来的，邀请他回国面试，参与创建北京大学的一所实验室。

这年9月，白凡回归母校，开始在北京大学生物动态光学成像中心工作。如今，他的实验室主要研究领域包括综合利用单分子生物物理实验手段、单分子荧光显微成像技术、单细胞基因测

人才故事·后备学生

▼白凡在做实验

序技术和系统生物学数学建模方法等当前生命科学前沿课题。

感悟良多，参与"计划"后来者当珍惜良机

现在，白凡不仅是北京大学科研团队里的一名得力骨干，还是多个学生的导师。他说，如今他最有成就感的两件事，一个是培养学生，另一个就是他所做的科研与实际联系紧密，比如：对肿瘤的研究、诊断等课题，能为更多的人分忧。

"从事科研没有太多的规律，也没有太多的刻意，这都是互相选择的结果。即如果我喜欢科研，但是我不具备科研素质，那么最终也会在这条路上走散。"白凡说。

对于白凡来说，既钟情物理又喜欢生物，也最终让他在懵懂中一步步走进了交叉学科。他希望今后通过自己的深入研究能将更多的物理方法运用到生命学研究当中，将生命学推向另外一个高度。

眼下，作为一名真正的科研人员，也作为曾经的"后备人才计划"里的一员，白凡对北京市科协专门为青少年提供的这一平台深表感谢。白凡说，这一项目让无数跟他一样有"科学梦"的青少年施展了自己的才能，有机会第一次做自己喜欢的研究。虽然这堂课外教育不足两年，但是对参与者日后真正走上科研之路有着积极的促进作用。

白凡希望，眼下对于像他一样有机会参与到"后备人才计划"中的学生应该珍惜这次机会，虚心学习并坚持下去。也许谁都有年少轻狂的时候，但是踏实学习、勤奋做事、积极参与则能让自己终生受益。

文／金少泽

人才故事·后备学生

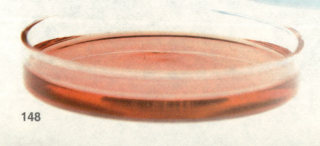

成才经验

1 乐在科研中
2 科研道德是第一位的
3 科研的专业素养是基础教育的重要元素

刘书哲:
科学实践能完善知识结构

刘书哲
北京市一零一中学原学生，北京青少年科技后备人才早期培养计
划第 2 期学生，现就职于一家大型国有企业

人才故事·后备学生

　　十多年后，当刘书哲重新回忆如何参加青少年科技后备人才
早期培养计划时，很多细节已经模糊，但对亲身经历的科研项目
仍然记忆犹新。他说家中还放着当年做实验时的笔记本，完整地
记录着实验的全过程，这是一份值得珍藏的回忆。很多年以后，
刘书哲意识到，实验中培养的科研精神和项目管理意识对现在的
工作都有着积极的影响。一个孩子学习能力的培养，意志品质、
行为方式的养成，对待工作的态度，以及团队协作的能力，都可
以通过一个实验项目来锻炼。

科研精神与生活态度

　　1998 年，刘书哲正在读高二。那时，北京青少年科技后备

人
才
故
事
·
后
备
学
生

人才早期培养计划刚刚举办第 2 期，参加的高校和开放的学生名额还不多，对于很多学生来说，这也算是一件新鲜事。刘书哲记得，当时老师说有个"大手牵小手"的计划，同学们可以去大学实验室观摩，于是一群孩子来到北京医科大学基础医学院，生命科学院博士生导师范少光教授给大家介绍了他的课题组针对"神经免疫抑制蛋白"的有关科研内容、研究方法和工作成果，并希望参与本次活动的同学能够愿意留下来，沿着他的研究方向继续开展工作并独立完成一个小的课题。这对于一名高中生来讲的确存在挑战，而且在接下来一年多的时间里要占用几乎全部的节假日和课余时间，这也是很多孩子最终放弃参与本次"后备人才计划"的一个重要原因。考虑到个人的学习成绩、英语水平、动手能力及兴趣爱好，刘书哲幸运地入选了。

关于工作与兴趣，刘书哲至今还记得范教授本人对科研工作充满了兴趣，他把整座实验室比作一个价值不菲的大玩具，而他对自己一生从事的科研工作总是感觉乐在其中，充满激情。将工作、事业与爱好完美融合，这样的生活是幸福的。

刘书哲讲，"一位科学家对社会的贡献不只是学术上的，他的职业角色对于青年一代的成长和价值观的形成，作用是积极的，意义是深远的。"他至今还能记得范教授的学术风范，"希望中国的青少年能有更多机会接触到优秀的科学工作者。"

科研道德是第一位的

做实验有起初的热情，有遇到偏差时做大量枯燥重复的工作，也

有想看到结果的急切心情，还有全身心投入时的享受。但无论如何，刘书哲说，他没有想过退出。"专业知识并没有成为一个坎儿，因为老师都在具体操作中告诉你基础知识了，这比按照教科书系统地学习还快，在完成项目中需要的知识是一种'抓取'的过程，比'推送'的知识要学得快，记得牢。"

几年后，刘书哲读大学，学的是电子信息工程，然后去英国读硕士，做的是嵌入式系统研究，回国后担任 IBM 公司的咨询顾问，可以说跨了很大的领域。回忆

> **刘书哲是很幸运的，不仅幸运入选了青少年科技后备人才早期培养计划，而且他碰到了好的老师，好的项目。**

起高中阶段的"科研"经历，他认为这对完善一个人的知识结构非常有好处，"虽然你没从事这个工作，但你有这部分知识储备，你的结构就是完整的，你分析问题也会更客观。"

此外，还有一点对刘书哲影响极大。范少光教授在实验之初告诫大家，要遵守科研的道德。"范老师说，你做这个东西不能是假的，要自欺欺人很容易，但我付出这么多劳动和心血，为了什么，是为了一个科学的东西，不是要一个捏造的东西。"

刘书哲牢牢记住并遵守这个"科研的道德"。面对目前国内的教育环境与科研环境，"作弊"和"作假"的现象屡见不鲜，刘书哲对这些都难以认同，"我参加的考试都是我愿意学的，我愿意学的都能考过。所以我从来不作弊。"

科研的专业素养是基础教育的重要元素

现在回忆起来，刘书哲笑称自己应该是很幸运的，不仅是幸运入选了"后备人才计划"，而且他碰到了好的老师。

"范教授让我们参与完成的工作，难度不是特别大，从科研

角度来说，不确定性也不是特别大，它很适合对科研不甚了解，从零开始的人进入，了解到科研的方式和一般的工作思路。"

刘书哲提出"科学研究的专业素养应该成为基础教育的重要元素，让学生了解学术研究的方法论，并从小培养科学严谨的工作习惯，是更多的青少年需要经历的过程，应该在中学普及。让青少年更多地关注前沿的科学研究领域，而不是沉迷于电子游戏，帮助青少年尽早地揭开科学的面纱，使他们亲近科学、热爱科学，让基础教育对于提高民族整体的创新能力和提升国家科学技术水平发挥更深远的影响。"

文／洪广玉

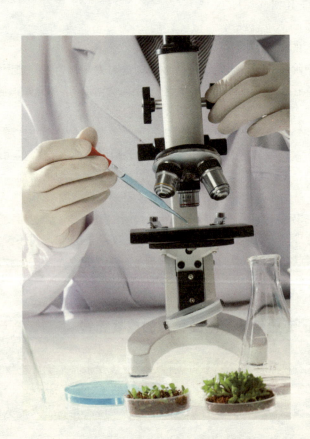

1 人才计划让我与科学结缘
2 在科学实验室里历练

杨歌:
把科学梦想变成现实

杨歌

北京景山学校原学生,北京青少年科技后备人才早期培养计划第3期学生,先后就读于北京大学生命科学学院、耶鲁大学,现为美国芝加哥大学量子学博士

杨歌从小就喜欢科学,他认为这是自然而然形成的爱好,可以说是自己的天性使然,而"后备人才计划"让他的梦想变成了现实。

"我从小就想当科学家。这是我一直以来的梦想,一点都不夸张地说,是人才计划让我实现了自己的梦想。"他说。

人才计划中诞生"小小科学家"

杨歌小的时候,父母经常给他买一些儿童类的书籍,在这个过程中,他们惊奇地发现,小杨歌对于诸如《十万个为什么》之类的科学图书非常感兴趣。"初中的一段时间,对于生物非常感兴趣,于是父母就带我去生物实验室,后来想制作机器人,想参加人才培养计划，父母也是一如既往地支持。"杨歌说。

杨歌对科学研究有着异于常人的热忱，并且具备一定的天赋，很小的时候就开始参加科技类比赛，获了不少奖，但是真正与科学结缘还是参与"后备人才计划"。在做实验的过程中，小杨歌对于科学研究的潜力被完全激发出来，对于科学的热情也越发不可收拾。他经常利用课余时间往实验室跑，也经常去找同样做实验的学姐学长请教问题，大家也慢慢地熟悉了这个比谁都勤快的"小不点"。

> **你需要做的是既要恶补各种学科的基础知识，还得学会及时跟学长和老师交流自己的想法，这样才能查漏补缺，不断进步。**

在杨歌频繁往返于实验室的过程中，他的"知名度"越来越高。初中考入景山中学后，他在科学方面的才能很快就引起了专门负责科技工作的李惠兰老师的注意。李惠兰非常欣赏杨歌肯动手、敢动手、肯动脑、敢动脑的科学品质，在她眼里，杨歌是一个不可多得的研究科学的人才。"这孩子的思维特别独特，爱动脑筋想问题，勇于发言向老师提问，是个特别聪明的孩子。尤其是他小小年纪表现出的那种认真的科学态度，简直到了痴迷的程度。"李惠兰说，参加"后备人才计划"的孩子中，杨歌是给她留下最深印象的一个。

从科学实验室里历练成长

参加"后备人才计划"后，杨歌选择的实验项目是六足仿生机器人，这个项目是前辈们做过的实验。但是他并不是简单地重复前人的实验过程，而是在他们研发的基础之上，解决他们没有解决的问题，而且还加入自己的创新因素，让实验作品有进一步的改善。之所以参与这个实验，是因为从初三时起，他就开始跟着学长们观摩这个实验的操作过程，并深入地参与其中。

刚参加"后备人才计划"初期，实验的进展十分缓慢，因为作为初中生的杨歌之前没有任何有关机械制造方面的学习经验，整个实验涉及各种学科知识的综合及各种能力的训练。"我当时需要做的是既要恶补各种学科的基础知识，还得学会及时和学长、老师交流自己的想法，这样才能查漏补缺，不断进步。"杨歌说。

在整个过程中，最难的就是如何自己策划并实施一个科研计划，这也是杨歌最大的收获。因为"后备人才计划"强调充分发挥孩子们在创新方面的自主性，所以在实验过程中没有人告诉你该做什么，该怎么做。任何一个学生都必须自主确定一个命题，并对之进行可行性的分析，然后还得自己确定每一步的操作步骤并亲自操作。做实验的同学必须把自己当成实验的真正主人，时刻用主人的思维方式去思考问题。"在实验室里，非常锻炼人的自学能力、自主能力，你必须独立思考，学会如何定义问题，确定问题并解决问题。"杨歌说。

从"六足机器人"到"阳光书屋"

2005 年，杨歌研制的"自主地形自适应六足仿生机器人"项目获得成功，他也因此获得了中国科协"明天小小科学家"的称号。按说，六足机器人已足够展示一名高中生的才华。但在李惠兰老师的鼓励下，杨歌往更深层次的小型两足机器人领域开展研究。2005 年，杨歌的两足机器人项目在英特尔国际科学与工程大奖赛中获得二等奖，当时是国内参赛选手取得的最好成绩，同年荣获北京青少年科技创新市长奖。

杨歌高中毕业后被保送至北大生命科学学院，之后到耶鲁大学就读研究生。有了众多的耀眼光环，但杨歌并没有就此放松对自己的要求，他想用自己的能力和热情为社会做点事

▼ 杨歌展示自己研究发明的六足机器人

人才故事·后备学生

情。

直到有一天他与自己的一名小学同学杨临风（当时就读于哈佛大学）谈及此事，两人一拍即合，随后一个国内有名的公益教育计划——"阳光书屋"诞生了！

"阳光书屋"是一个旨在改善当地教育质量的公益计划，主要通过提供一种名为"晓书"的电子阅读器及与其配套的教学资源来达到它的目的。他们之所以想实施这个计划是因为他们看到中国城市教育和农村教育之间有很深的知识鸿沟，希望通过自己的努力让农村的孩子们缩短与城市孩子们之间的教育差距。

现在的阳光书屋主要由杨临风负责经营，杨歌已经"退居二线"。他现在是美国芝加哥大学量子学博士，他表示，现在的主要任务就是致力于科研，继续自己的梦想。杨歌希望将来毕业后能留在美国做大学教授，继续从事科研事业。

文／王蒙

▼杨歌在国外求学时与导师在一起

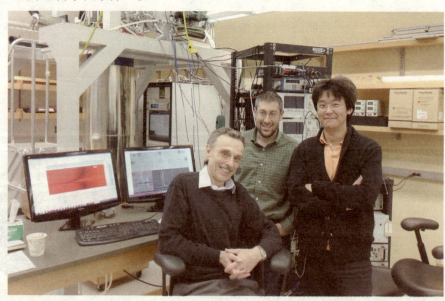

1 高中时的科研经历对我现在帮助非常大
2 野外生活教会我生存之道

杜月：
野外生活教会我怎样面对生命

杜月
中国人民大学附属中学原学生，北京青少年科技后备人才早期培
养计划第 4 期学生，现为威斯康星大学麦迪逊分校发展研究专业
博士生

人才故事·后备学生

　　杜月从小就喜欢动物，常常跑到北京大学旁听生物保护方面
的课程。而正是在这种氛围下，高中时她报名参加了北京青少年
科技后备人才早期培养计划。

白头叶猴让我与科研结缘

　　当时，杜月选择的课题是"白头叶猴的日食量研究"。带领
她做实验的是北京大学"大熊猫及野生动物保护中心"的潘文石
教授和龙玉教授。在广西崇左，潘文石和他的学生建立了北京大
学崇左生物多样性研究基地，这里也是杜月进行观察实验的地方，
与她同去的还有北京另外一所高中的同学张博钦。

　　对野生白头叶猴的日食量进行准确的测量，国内研究史上没

▲白头叶猴

有任何经验可循。杜月和张博钦唯一的方法就是盯着一只白头叶猴，一盯就是一天，以确定其摄食的时间，再利用摄像机拍摄到的录像，观察其取食速度。为了得到准确的数据，就必须观察尽可能多的猴子，为此，杜月付出了两个寒假和一个暑假的时间。

观察白头叶猴，体力也是一个大问题。因为崇左属卡斯特地貌，沟壑纵横、地形崎岖，每天只是上山、下山就让两位久居闹市的高中生体力吃不消，再加上厚重的装备，刚开始让两人叫苦不迭。后来，为了节省体力，她们向附近的农民借来独轮车，每天推车上山下山，日子久了，她们也慢慢习惯了这种辛苦。

如何一整天耐心地"盯住"一只白头叶猴，是摆在杜月和张博钦面前的另一个问题。远距离观察白头叶猴，由于植被茂密，稍不留神就不知道猴子跑到哪里去了，只能寻找下一个目标。为了能区分各个白头叶猴，在潘教授的教导下，她们开始对猴子"察言观色"，经过艰苦地磨炼，他们各自练就了观察猴子的"火眼金睛"，到最后就算隔一段时间不看，也能立马分辨出刚才观察的是哪只白头叶猴。

野外生活的经历，让杜月收获了许多快乐，那是她很早以前就非常向往的野外环境，"那是真正的自然环境，那里动物的生活不受任何人为因素干扰，看到白头叶猴与自然融为一体，我感到非常快乐，那种快乐是在动物园里看动物时无法体会到的。"杜月说。

野外生活教会我生存之道

　　潘教授曾经告诉杜月，大熊猫至今已经生存了几百万年，跟它同一时代的很多动物都已经灭绝了，熊猫为什么能生存这么久？其中一个原因是它对食物的要求很低，它只靠吃竹子生存，而竹子是一种单位营养含量很低的植物，所以为了获取足够的营养，熊猫每天要吃大量竹子。

　　这个事例让杜月明白，人们必须降低自己的生存条件才能更好地适应这个社会。这个道理尤其适用于在野外生活的科研人员。野外的条件与城市不能比，不论是饮食还是居住条件都要差很多，更不用说娱乐条件了。在这里，只有生活条件非常低的人才能存活下去。比如杜月和张博钦上山的时候一去就是一整天，中午饭都得在山上解决，这就要考验她们对于生活条件的要求。"有时候就是带上盒饭或者泡面，再加一壶开水，午饭就用开水热一下。

人才故事·后备学生

▼杜月做调查访问

其实也没什么，就像潘教授说的，习惯了就好了。"杜月说。

野外生活的艰辛换来的不仅是生活阅历的增加和人生意志的锻炼，还有伴随着科研成果而来的各个大赛的奖励。2005年，杜月和张博钦凭借"野生白头叶猴日食量估算方法的探讨"的课题，获得第三届北京青少年科技创新市长奖，同年在英特尔国际科学与工程大赛上获得集体三等奖。

高中毕业后，杜月被保送至北京大学社会学专业，随后在北大社会学读研。现在的杜月是威斯康星大学麦迪逊分校发展研究专业的博士生，她希望毕业后能回国任教。

文 / 王蒙

▼ 2005 年，杜月（正中间）参加第 56 届英特尔国际科学与工程大赛

成才经验

1 创新不一定要推翻什么
2 这是一个体验、学习和提高自身科学素质的过程
3 科学事业与生活融为一体

赵舒萌:
在一流实验室体验科学奥妙

赵舒萌
北京师范大学附属第二中学原学生，北京青少年科技后备人才早期培养计划第 5 期学生，现为北京大学新闻学院研究生

人才故事·后备学生

  2004 年 11 月，赵舒萌入选第 5 期北京青少年科技后备人才早期培养计划，进入北京食品安全所进行科学研究，开始了一段属于她的独特的人生经历。

创新不一定是要推翻什么

  第 5 期北京青少年科技后备人才早期培养计划的政策相对开明，赵舒萌所在的北京师范大学附属第二中学的名额也很多，学生们可以根据自己的兴趣爱好选择研究课题。赵舒萌选择的实验室是中科院微生物研究所，并在老师的指导下，确定了研究选题——DNA 芯片技术在转基因大豆检测中的应用与探索。

  实验期间，由于知识储备不足，赵舒萌花了大量的时间进行

转基因的"扫盲"工作。"还记得当时买了好多有关于转基因的书籍，利用闲暇时间疯狂地恶补。之所以自己花钱买书，是因为中科院的书籍一般都是非常专业的，对于没有任何转基因基础的赵舒萌来说实在难以理解，比较基础的书籍只能自己到外面买。"赵舒萌说。

> **这个活动对于一些真正想从事科学研究的同学来说是个非常好的机会，我认识的很多一起参加实验的同学都一直坚持在做科研。**

中科院微生物所的吴永宁教授是赵舒萌的实验导师，吴永宁不拘小节的性格和实验熟练掌控的能力让她印象深刻。"吴老师平时不注意着装，甚至到了近乎邋遢的地步。你很少看到他对科学以外的事情多么上心，有点陈景润的感觉。"但是她也不得不承认吴永宁是个非常聪明的人，对于所研究的领域有着非比寻常的敏锐目光。"由于他大部分时间在出差，我们见面的机会并不多，但是每次向他汇报实验进展时，他都能对我的实验提出非常准确的指导意见，对于我苦思冥想的一些问题，他当即都能给出让人信服的对策，他在转基因食品领域是个非常厉害的人物。"赵舒萌说。吴永宁的一些见解也让赵舒萌受益匪浅，比如关于创新的理解，吴永宁告诉她，创新不一定是要推翻什么，在某些方面的改善或者自己的一个改变都可以被看做是创新。

这是一个体验、学习和提高自身科学素质的过程

赵舒萌的科研项目做得非常成功，获得了第 26 届北京市青少年科技创新大赛一等奖，正是在这个大奖赛上，西澳大学的几位科技老师看到了她的研发成果，她也因此被邀请到西澳大学的实验室进行学习交流。

在西澳大学 the ARC Center of Excellence 实验室进行的一

系列探索性地学习尝试，让赵舒萌深切地感受到基因生物工程的巨大魅力。在为期5天的学习中，她先后完成了"外源基因插入转移"及"实时定量PCR检测"两个实验课题，收获颇丰。

对于赵舒萌来说，西澳之旅是一个可以充分发挥对大自然奥秘想象的学习的过程。通过和实验技术人员的交流讨论，她明白了将外源基因启动子DNA插入到Arabidopsis Thaliana细胞中的实验原理。在导师的耐心指导下，短短几天内她便独立进行了实验操作，并且亲手完成了插入实验操作。通过实践，她已经初步掌握了基因克隆技术、外源基因定向插入技术，以及利用高倍显微镜及DNA表达量数据对插入结果进行有效分析的知识。

这还是一个体验、学习和提高自身科学素质的过程。实验室严谨的学术氛围、严格的管理制度、充满人文关怀的工作环境、积极团结的工作态度每时每刻都在感染着赵舒萌。每周一次的学术交流讨论会令她感受到科学的完美气息，受益匪浅。当时一位叫马歇尔的教授给赵舒萌留下了深刻的印象，他深入浅出地演讲让她清晰地感受到他对于科学事业的执著和迷恋及强烈的社会责

人才故事·后备学生

▶赵舒萌与澳洲实验室工作人员合影

任感。与他愉快轻松的交谈中，赵舒萌对科学素质的内涵、哲理有了更深刻的领会，感受到科学精神的震撼和魅力。

科学事业与生活融为一体

赵舒萌表示，这段在实验室的工作经历，不仅使她学到了专业知识，培养了实验技能，更多的是收获了一份对科学的热爱，激发了对前沿科学技术的兴趣，磨砺了坚忍不拔的性格，培养了持之以恒的精神。她已经把这些收获运用到了日后的学习和生活之中，以高度的热情和责任感在科学的瀚海中继续探索下去，将科学事业与生活融为一体。

2006年赵舒萌考入北大的国际政治专业，现在她是北大新闻学的一名研究生。她希望在毕业之后能进入传媒业，做一名记者，工作之后有需要的话还打算出国留学。虽然赵舒萌现在的专业跟以前参加过的实验有一定距离，但是她认为"后备人才计划"是一个非常好的活动。"这个活动对于一些真正想从事科学研究的同学来说是个非常好的机会，我认识的很多一起参加实验的同学都坚持在做科研，而且很多人目前的工作与当时的实验有紧密的联系。"赵舒萌说。

文／王蒙

◀2006年，赵舒萌（右二）与诺贝尔奖获得者巴里·马歇尔（Barry J. Marshall）教授交流

成才经验

1 从小就喜欢与科技有关的事物
2 科学实验让我爱上科研
3 选择物理是我的方向

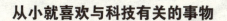

谢海东:
我感受到了科学力量的伟大

谢海东

北京市铁路第二中学原学生，北京青少年科技后备人才早期培养
计划第 6 期学生，曾就读于中国人民大学物理专业，现为中科院
物理所研究生

从小就喜欢与科技有关的事物

2006 年，谢海东在北京铁路第二中学读高一。他所在的班级
同学们都非常活跃，班主任经常组织一些课外活动，以缓解大家学
习上的压力，每当有课外活动的时候，大家都兴奋不已，踊跃参加。
也就是在这年的下半年，一年一度的"后备人才计划"启动了。由
于铁二中以往的学生参加这个计划时取得了相当不错的成绩，很多
学生都对学长们做的项目有所了解，纷纷报名。

谢海东也希望能参与这个计划。他从小就喜欢与科技有关的
事物，尤其热衷于一些稀奇古怪的发明。在很小的时候，爸爸妈
妈就带他参观过北京科技馆，科技馆里的四大发明、天文学浑仪
是他从小就知道的科技发明，也是最能吸引他的发明。

165

之后，北京市科协组织报名的同学参观科技馆，谢海东又重温了一次童年的快乐。"我们从六楼一路参观下来，心情还是挺激动的。小时候去科技馆主要是参观一到三楼，那次看到了很多新东西，感觉还是很有趣的。"谢海东说。没过多久，谢海东得到了自己入选"后备人才计划"的通知，并被安排到中国农业大学的一个实验室。

科学实验让我爱上科研

第一次来到农大的会议室，同学们选择了自己的指导老师，并参观了导师的实验室。谢海东选择的是李大伟导师，李教授是国内转基因小麦研究的专家。在实验开始之前他给了谢海东一些文献、书籍，让他自己了解一下有关转基因的基础知识。对于高中生的谢海东来说，虽然这些内容以前从没接触过，但是从小就喜欢生物的他，并不觉得有多么陌生，再加上自己肯花时间努力学习，很快就消化吸收了。

在之后一段时间里，谢海东扎进农大实验室，整日埋头于实验之中。他还记得带他一起做实验的是一个名叫安家爽的研究生。在安家爽师姐的悉心指点下，谢海东一步一个脚印地完成了整个实验的步骤。在参加这个项目的过程中，谢海东还跟随课题组去过一次扬州，到当地的试验田进行采样分析。

谢海东说，扬州试验田采样分析让他收获了很多。因为要想取得优良的转基因成果，需要先筛选出纯种的小麦受体和要转入的基因。转入之后的杂交品种在试验

> **这段经历对学生今后的人生发展很重要，至少在高考报志愿的时候会有帮助，知道自己的爱好和特长在哪个领域！**

田种植，筛选出效果好的新品种。这个研究过程所转的基因种类非常多，同时每种种植的量也都比较大，所以每年都需要到试验田中采样，分析小麦的生长状况，同时将样品带回北京实验室研究分析。

这个项目需要进行若干年，培养出好的新品种，得到新品种的纯种，从而应用于大规模农业生产。扬州之行让谢海东体会到了科研力量的伟大，它的伟大不在于能造出一个全新的物种，而在于能给千千万万的大众带来福利。

"我觉得这个计划对我的影响还是很大的，短期来说对我高中的生物学习有很大的促进作用，同时也培养了我对生物的兴趣。最重要的收获就是对科学实验有了非常直观地认识，也使我更喜欢做科研了。"谢海东说。

选择物理是我的方向

在谢海东看来，"后备人才计划"是很有意义的。学生能够在高中阶段接触到科研，提前对这一领域有个初步的认知。这段

人才故事·后备学生

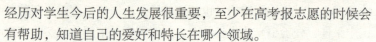

经历对学生今后的人生发展很重要，至少在高考报志愿的时候会有帮助，知道自己的爱好和特长在哪个领域。

同时，谢海东也建议，"后备人才计划"在项目管理上需要进一步规范，"比如参与'后备人才计划'之后高中三年会有一个什么样的经历和流程？学生应该选择什么样的课题，是可以凭借高中生的基础知识就能够驾驭的？希望今后活动举办方能够提供帮助或指导性建议，这样学生参与的程度会更深、更合理，对他们日后的成长才会产生真正的影响！"

谢海东大学读的是物理学，在中科院物理所读研究生。他觉得"后备人才计划"对他的影响非常大，自己之所以从事物理专业，与当时的"后备人才计划"有着不可分割的联系。"参加了这个计划，接触到了一些科研人员，实地到实验室、试验田参观、学习，让我认识到了什么是科研，这是我选择物理专业的原因之一。"谢海东说。将来他希望能成为一名物理学科的工作者，继续做科研事业。

文／王蒙

成才经验

1 在实验室里，除了开阔眼界，最重要的是培养了我对事物认真细致的精神，因为科学实验丝毫马虎不得

2 自己的这段实验室经历"非常值"

王梓晋：
我学会了对待事物的科学精神

王梓晋

北京市第一六六中学原学生，北京青少年科技后备人才早期培养计划第7期学生，现为北京科技大学物流专业学生

人才故事·后备学生

王梓晋所参加的实验非常专业，以至于几年后他再次向记者描述时，都显得非常艰涩，虽然不记得那些专业名词，但不影响他对那位导师的记忆……

结识导师 乃是缘分

对于参加"后备人才计划"的很多细节，王梓晋都已经记不清了。只记得几年前，他就读的北京市第一六六中学，是一个科研氛围很浓的学校，每次学校组织科普活动，班上都有四分之一到三分之一的人参加，当时王梓晋对化学最有兴趣，班主任告诉他有一个跟化学有关的实验，他就兴致勃勃地去了。

他去的实验室，是北京大学稀土材料化学与应用国家重点实

验室，来不及回忆实验项目，他迫不及待地介绍起了当时的导师，"我们的导师是位老先生，叫李俊然，快70岁了，已经退休了。可是每个周末，他都在那里，问我们实验做得怎么样，帮我们解答问题。"王梓晋清楚地记得，当他第一次去做实验时，李教授向他们讲实验要做什么，深入浅出地演示具体步骤，打个形象的比方就是说令他这个门外汉一下就明白了。

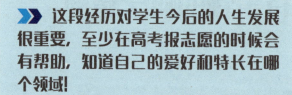

这段经历对学生今后的人生发展很重要，至少在高考报志愿的时候会有帮助，知道自己的爱好和特长在哪个领域！

当他谈到实验项目时，王梓晋饶有兴趣地说，"那是一个研究稀土材料的电流变效应的实验，所谓电流变效应，是指某些特殊液体在外加电场的时候，它的流动状态和流体属性会发生强烈的变化，看着它是液体，不通电时随意转，一通电就瞬间凝固住了，产生很强的应力，类似于刹车的东西。"

通过那次亲身实验，王梓晋了解到，电流变学研究是一门新兴学科，它的应用前景更加吸引人！电流变液体体积小，反应灵敏，能耗低，可用于设计开关控制器件、减震器和隔振器等，应用于汽车工程、航空航天器材等。

跟导师做实验 更是幸事

王梓晋说，现在回忆起来，感觉跟李教授做实验是件很幸福的事！"那么大年纪，依然孜孜不倦地工作，虽然他已经很有成就，还是非常谦虚。在实验中他手把手教我们具体操作方法。"尽管在实验室经常一待就是一整天，但王梓晋一点也不觉得枯燥，"能做出什么结果来，那个结果特别吸引我。"

在实验室里，王梓晋除了开阔眼界，还学到了很多新知识，最重要的是培养了对事物认真细致的精神，因为科学实验丝毫马虎不得。

体会科学精神胜过实验结果

王梓晋坦言，他只做了十多次实验，所能得出的结果是非常有限的，离电流变技术的应用当然更远。不过，在实验中，王梓晋总结出，吸附二乙烯基三胺可以增强羟基氧化铝的电流变效应。而他正是凭借这个实验结果，参加了第 28 届北京青少年科技创新大赛，并获得了三等奖。

在谈到参加科学实验对他个人成长有什么影响时，王梓晋认为，自己的这段实验室经历"非常值"！"特别是上大学后，比如

人才故事·后备学生

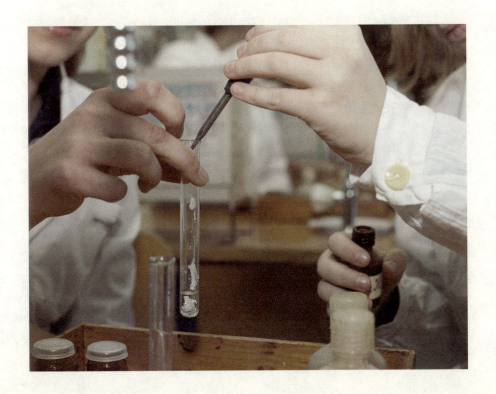

171

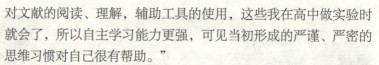

对文献的阅读、理解，辅助工具的使用，这些我在高中做实验时就会了，所以自主学习能力更强，可见当初形成的严谨、严密的思维习惯对自己很有帮助。"

在谈到对导师的印象时，王梓晋依然感慨地说："我很幸运，在人生的重要成长阶段，遇到了一个好的导师，从他身上看到了一个优秀科学工作者的品质！不管做什么，他是让我学习的一个楷模；不论是工作上，还是为人处世上，他对我们关心有加。每天中午，我们在食堂吃饭，他都会问我们要不要从外面带点什么吃的过来。后来参加创新大赛，有比较急的问题，无论多晚他都会接电话；要找他写推荐信，有一回下着大雨，他还在那里等我。"王梓晋认为，不管是理科还是文科的研究都需要刻苦、认真、谦虚的科学精神，这些品质是影响一生的！

作为第28届北京青少年科技创新大赛三等奖得主，王梓晋希望"后备人才计划"开展的项目可以不局限于理工科，也可以针对文科爱好者开展地理、历史、考古方面的项目，而对于参加实验的高中生来说，最重要的是找准自己的兴趣，并坚持做下去！

文／洪广玉

人才故事·后备学生

成才经验

1 科技教育能弥补高中到大学的断层
2 只要动手就没有那么难
3 实验能锻炼逻辑思维能力

张欣欣：
在科学研究中学习系统性思维

张欣欣
北京市东直门中学原学生，北京青少年科技后备人才早期培养计划第 8 期学生，现为首都经贸大学学生

在北京青少年科技后备人才早期培养计划中，有不少学生因为自己的兴趣，后来没有继续从事理工科的学习，但他们同样对曾经进过的实验室，参加过的研究项目怀有感情。张欣欣就是这样，她所惋惜的就是对项目参与得还不够深，实验的次数还太少。

只要动手就没有那么难

在谈到入选北京青少年科技后备人才早期培养计划之前，张欣欣详细介绍了她进入高中后的第一个项目，那是她和同学们一起花了 1 个月的时间做的，题目为"生活中的污渍处理"。因为当时的班主任是化学老师，所以选择了化学领域的项目。

张欣欣选择的这个项目，实验的内容是配制不同的试剂，对

>> **在学生走进高校实验室之前，可以给学生开设几节课程，对大学这个专业的基本知识进行一定程度的讲解，这样会让双方的衔接更自然一些。**

生活中常见的污渍去污，并探究其去污效果。实验小组一共有5个人，每个人各有分工，有专门收集材料的、记录数据的、后期整理的。因为学校在簋街附近，张欣欣清楚地记得当时拿着做实验的布料，去街上的饭馆向人家要污渍时的情景。

这虽然不是大项目，但大家做起来还是会很困难，因为某些污渍和处理剂进行反应时，要涉及专业化学知识，很多是课堂上没有涉及的。不过，真正动起手来并没有想象中的那么难，"其实进行得比较顺利，每做一步时都可以查相应的资料，也有老师指导，慢慢就解决了。"张欣欣说。

这个项目后来获得了东城区青少年科技创新大赛"科学小论文"三等奖，更重要的是，张欣欣在实验中得到了成就感，也增长了信心。在这个项目结束后，她得以继续申请进入高校实验室学习。

实验能锻炼逻辑思维能力

因为亲属中有一位糖尿病患者，张欣欣参加"后备人才计划"时，申请的是首都医科大学张立克教授一个关于糖尿病的研究项目。张欣欣说，她刚走进学校时，觉得挺古老的，以为实验室也很老旧，没想到里面的设备非常先进，跟高中的实验室相比简直是天地之别，这些从未见过，甚至没有听过的设备，很能让人产生好奇心。

她原以为张立克是位男老师，但实际上是位和蔼的女教授，五十多岁，跟学生们交流很亲切，但说话不随便，治学严谨。张教授向她详细地介绍了实验内容及需要完成的工作，以后每次实

验时，都会提前告诉她具体时间，需要准备什么东西，可见是位
细心负责的导师。

张欣欣需要参加的实验大概有五六次，内容是提取大鼠样本、
分离样本，具体实验由张教授的研究生带着做。"之前有点担心，
觉得人家是研究生，差距会不会太大，但实际操作中发现并不需
要对课题了解得特别深。要提取大鼠的什么部位，怎么提取，了
解动手的那一部分就行了。设备是需要手把手教了才能理解的。"
张欣欣说第一次做实验确实有点手忙脚乱，但一两次后就熟悉了。

由于后期数据分析、写论文都帮不上忙，这个项目并没有给
她带来很多成就感，"实验的次数还是太少了。" 张欣欣觉得有
些惋惜。不过，在这里她还是学到了很多，比如严谨的、规范的
项目设计和实验流程，"以前没有系统性地把自己要做的事整合
到一块儿的习惯，现在做什么事，从计划到执行，再到总结，会
有一个整体思路，实际操作中规范性

人才故事·后备学生

更强，对于要注意的东西考虑得会更
细。"这是张欣欣最深的感受。

科技教育能弥补高中到大学的
断层

张欣欣想进一步研究糖尿病的愿
望后来没能实现。在大学里，她遵循
了自己的另一个兴趣，读的是广告设
计专业。她说，广告设计也不是纯粹
感性的东西，也需要完整的思路，每
个环节怎么衔接，从理科的流程管理
中可以总结出很多经验。事实上，即
使是艺术领域，逻辑思维能力也是非
常重要的。

在张欣欣看来，高中似乎什么都

▼张欣欣正在发言

不懂，到大学好像全懂了，但只是懂自己专业领域的知识，这中间的断层，可以通过科技教育，特别是参与实验项目的方式进行弥补，让学生在打下各学科基础时，又学会专业化的思考、研究问题的方式。

对于"后备人才计划"，张欣欣建议，在学生走进高校实验室之前，可以给学生开设几节课程，对大学这个专业的基本知识进行一定程度的讲解，这样会让双方的衔接更自然一些。

另外，各中学能否和高校结成对子，北京市朝阳区有哪些大学，有哪些科研项目，它们可以和朝阳区的初高中结成友谊校，创造更多的机会，使交流更频繁一些，让更多的学生参与实验。

虽然将来不会从事科研工作，但一个人只要启发了对科学的兴趣，就会受益终生的。张欣欣说，"科学可以让一个人永远保持对事物的好奇心，也改变了我对事物的看法：一些看起来很枯燥的事，深入进去就会发现兴趣点，就会从细节方面得到收获，所以，有很多事你都可以先去实践。"

文／洪广玉

成才经验

1 在参与"后备人才计划"的一年时间里，除了平时学校的正常上课，几乎所有的业余时间，柴子寅都是在北大度过的

2 在实验室更多的是体验式的学习，对知识的体验、对科学的体验、对做人的体验

3 作为一名优秀的化学研究工作者，一丝不苟、有条不紊的研究态度非常重要

柴子寅：
将化学进行到底

人才故事·后备学生

柴子寅

北京理工大学附属中学原学生，北京青少年科技后备人才早期培养计划第 9 期学生，现为武汉大学化学与分子科学学院学生

柴子寅读高中时，就明确了未来的目标和理想，希望自己成为一名优秀的环境化学研究者。所谓心有多大，舞台就有多大。为了实现这一目标，柴子寅报考了武汉大学化学与分子科学学院，并被录取。眼下，他在这条路上不懈地努力着，如果用一个最为贴切的词来形容，就是执著。

这份难能可贵的执著，得益于北京青少年科技后备人才早期培养计划。"这一计划对我在科技道路上给予了正确的指引，让我的决心更加坚定。"柴子寅说，接下来他要用自己的力量去搭建美好的人生舞台。

>> 经过一年多在北大化学实验室的学习与实践，柴子寅对化学这门学科有了更加全面的了解，同时也对自己当初的规划做了相应的补充和调整。

兴趣让我与化学牵手

初三那年，柴子寅第一次上化学课，当时，化学老师通过一副化学扑克牌将这门学科介绍给大家，这种寓教于乐的方式，让柴子寅对化学产生了浓厚的兴趣。

上高二时，"后备人才计划"给了北京理工大学附属中学3个学生参与的名额，入选的学生将有机会到大学的重点实验室学习。柴子寅得知这一消息后兴奋不已，"当时我就想，如果能够参加这一计划，自己今后的化学探索之路，将会更加顺畅。"于是，他坚定地报了名，并最终如愿以偿。

更幸运的是，与北京理工大学附属中学对接的是北京大学化学与分子科学学院化学实验室，那是柴子寅一直向往的地方。"这里不愧是一个国家级的实验室，所有设施都十分先进，连排气管都是经过研究后安装的。里面的仪器全是我从未见过的，架子上整齐摆放的药品，看得我眼花缭乱。这使我对大学的化学学习充满向往和期待。"

在参与计划的一年时间里，除了平时学校的正常上课，几乎所有的业余时间，柴子寅都是在北大度过的，自己俨然就是一名北大学生。

经过一年多在化学实验室的学习与实践，柴子寅对化学这门学科有了更加全面地了解，同时也对自己当初的规划，做了相应地补充和调整。"比如，多读一些综合性强的化学书，提前培养化学素养。"

另外，通过跟随北大名师的学习，柴子寅深切地感受到，作为一名优秀的化学研究工作者，一丝不苟、有条不紊的研究态度非常重要。"教授用实际行动为我们树立了榜样，也让我知道了作为一名化学研究工作者应具备的能力、素质。"

全方位的学习过程

对于在北大科研实践的经历，柴子寅总结说，这是"不一样的学习"。的确，进入国家实验室是一种学习，课堂上也是一种学习。不过，在实验室更多的是一种体验式的学习，对知识的体验、对科学的体验、对做人的体验，对于学生来讲是一个很大的提升。

"其实，我最初就只是喜欢而已，但是通过参加这个项目，为我打开了另外一个世界，不仅学到了知识，最主要的还是开阔了眼界。让我们比较早地进入到这个领域里，是一种全方位的学习，更多还是更深层次的思考，以及知识、能力上的准备和做人方面的准备。"柴子寅说。

正是这一计划对柴子寅在科技道路上给予了正确的指引，让他成为化学研究者的决心更加坚定。"规划是为了更好地实施，实施是为了进一步地规划，人生规划是一个螺旋上升的过程。我知道，现在的我离目标还有很远的距离，这一路上需要翻山越岭，克服重重障碍才能到达。但是，我相信通过自己在学习上的努力，在能力上的培养，在眼界上的提升，我有信心去克服这一路上的一切困难，并且脚踏实地地一步一个脚印，坚定地向前迈进。"

文 / 许欢

人才2〇年 北京青少年科技
后备人才早期培养计划

成才经验

① 参加科学实验可以训练高中生的综合素质，更重要的是可以让他们提前了解科学，知道科学是怎么回事

② 科学就是比常人更认真地看待一个事物

③ 科学实验更需要献身精神

蔡文庚：
"后备人才计划"让我懂得什么是科学

蔡文庚
北京市第五十五中学原学生，北京青少年科技后备人才培养计划
第 10 期学生，现为宁波大学水产养殖专业学生

蔡文庚是在北京市第五十五中学读高中时参加的"后备人才计划"。"我选择的是垃圾的热解实验，因为我从那时候起就很喜欢生物和化学，喜欢做化学实验。"蔡文庚说。

科学就是比常人更认真地看待一个事物

蔡文庚参加实验的地点是中国矿业大学，指导老师是舒心前教授。第一次到实验室的那天，舒教授与蔡文庚等三个参加实验的学生做了深入地交流，内容都是跟他所做的实验有关。蔡文庚回忆说："舒教授是个很平和的人，学识很渊博，他对化学的一些看法让我觉得化学是一门很深的学问。"

当年，舒教授正在实施一个关于热解的项目研究，其中包括

180

垃圾热解和煤炭热解，蔡文庚选择的实验课题是垃圾的热解，其主要的目的是寻找一种理想的热解催化剂。垃圾热解的原料当然是垃圾，但这里的垃圾可不是随便从垃圾箱里捡来的，而是经过了详细地调查后按比例"调配"的。

科学实验需要献身精神

蔡文庚说，实验是一个很漫长的过程，单是加热烧瓶大概就需要两个多小时，非常耗时。而且要把垃圾成分按比例塞满整个瓶子也得花上一番工夫。热解完成之后，还要做量的分析，也要耗费大把的精力和时间。"一般情况下实验一做就是一整天，而且过程也比较枯燥，这就是科学外表光鲜下的另一面。"蔡文庚说。

实验的过程也伴随着危险，为了使得热解过程的化学反应更加完全，需要把温度提升至2000℃以上，所以实验用的试管是用特质的玻璃制造的。即使这样，操作不慎也会发生爆炸。就在蔡文庚所在的同一个实验室，有一组操作煤炭热解实验的同学就发生了这样的危险。

"当时我们相隔不远，就听见'砰'的一声巨响，顺着声音望去，发现瓶口的塞子一下子被直直地射了出去，在瓶口还隐约看到了一丝火花，瓶子也掉在地上摔碎了。"蔡文庚现在回想起来，仍然心有余悸。这次事故让蔡文庚明白，做科研也是有风险的，需要献身精神。

人才故事·后备学生

>> 当时就听见"砰"的一声巨响，顺着声音望去，发现瓶口的塞子一下子被直直地射了出去，在瓶口还隐约看到了一丝火花。这次事故让蔡文庚明白，做科研也是有风险的，需要献身精神。

人才故事·后备学生

"后备人才计划"让我收获了友谊，锻炼了能力

虽然在实验室这段时间里，蔡文庚参加的实验小组仍没有找到比较理想的催化剂，但是整个过程还是让他收获甚丰。为了能更好地完成实验任务，蔡文庚不得不频繁地向学长和导师请教问题，这无形当中锻炼了他的语言表达能力和人际交往的能力。

而更重要的是，做化学实验也锻炼了蔡文庚的动手能力和探索能力，加深了他对科学这个词的体会。做实验时，有些知识从原理上看来是这样的，但是真正操作起来可能出现意想不到的问题甚至是截然相反的结果。而当面对这些问题时，你不得不对自己原来的看法加以修正，并不断排除一些干扰正确结果的因素，这是一个非常繁琐复杂的过程。

现在的蔡文庚是宁波大学水产专业的一名大一学生。"水产专业对口的工作其实也是以实验室中的研究为主，当然肯定包括实地考察。不过我的最终目标是开办自己的养殖场，打工总不如创业嘛。"蔡文庚说。

文 / 王蒙

成才经验

1. 要不断抓住自己头脑中的"科研火花"，也许某一刻，灵感能与导师碰撞出更妙的创意。我明白我需要做的是"非首创的创新"

2. 我是一名"参与者"，不只是一名"操作者"

孙昱春：
从"有意思"开始的"非首创的创新"

孙昱春
北京市第四中学原学生，北京青少年科技后备人才早期培养计划第
11 期学生

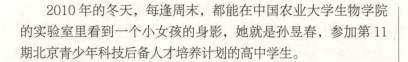

2010 年的冬天，每逢周末，都能在中国农业大学生物学院的实验室里看到一个小女孩的身影，她就是孙昱春，参加第 11 期北京青少年科技后备人才培养计划的高中学生。

当兴趣邂逅科学

从初中开始，孙昱春就对生物产生了浓厚的兴趣，刚上高中就参加了生物竞赛，后来又参加了"后备人才计划"。用孙昱春的话说，"对于其他事情都没什么兴趣"，所以总是喜欢做一些跟科学相关的事情。

人才故事·后备学生

有一天，孙昱春聆听了一场关于科学实验方面的报告。她调侃地说："没想到，下午听讲座竟然一点也不困。以往听讲座时常常昏昏欲睡，强打精神，然而西城科技馆的周又红老师却使我在笑声中与严肃的科学做了一次会面。"

在做课题过程中明白科学道理

科学实验先从认识高科技的机器开始。在实验室里，孙昱春首先参观的是冰库和各种仪器。她说，我们刚去的时候，还没有上过生物课，好多后来生物课上讲的基础知识，在这里都先知道了。孙昱春做的课题是培养趋磁细菌，这个课题其实早在 20 世纪 80 年代初，挪威学者 John Ugelstad 就提出了免疫磁性分离的概念。

> ❯❯　如果中学生有机会走进实验室，在导师和研究生的引导下，更好地了解科学研究的方法、手段，自己思维方式的训练和解决问题的能力都会提高的。

题目看起来很吸引人，但要真的付诸实践并完成科研成果，对于一个高中女孩而言，其难度可想而知。"题目过于精尖高深，以自己的水平和条件很难做出有价值的结果；简单一些，又好像前人都已经做过，而现在，我明白了我需要做的是'非首创的创新'，换个角度，改变时间、地点，就会步入一个新的天地。"

在科研中坚持独立思考

在研究开始后，她先是培养趋磁细菌，然后转基因进去，再进行筛选，一个环节一个环节地做，最后完成自己想要的结果。"这就是一种成就感"，孙昱春说。然而，并非每一次实验都那么顺利，"一开始教授带我做，最后培养趋磁细菌，我带回学校培养的，半个多月都没做出来，所以特别郁闷。"

　　就像聆听那场科学实验报告一样，"前面的科学素养测试错了三个，有点失望，但有些我并不服气，认为答案不对。"中间休息的时候，孙昱春特意跑到老师那里，得知这些题是外国的一个组织出的，心里就暗想：为什么他们说的就一定对？诺贝尔奖不是也有失误的时候吗？批判的思想和怀疑的精神，应该也是一名从事科学研究的人应该具备的素养之一吧！

　　孙昱春认为，不能一味遵照导师的路线前进，要不断抓住自己头脑中的"科研火花"，也许某一刻的灵感还能与导师碰撞出更妙的创意。因为自己是带着思考和创造力的"参与者"，不仅仅是摆弄试管仪器的"操作者"！

文 / 金少泽

人才故事·后备学生

▼孙昱春和同学们一起做化学实验

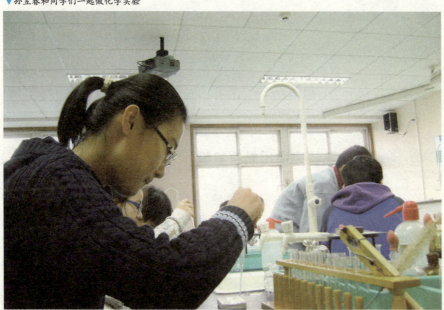

成才经验

1 中美飞机碰撞出航空梦想
2 敢为新型运输机提供设计思路
3 稳扎稳打，向理想迈进

人才故事·后备学生

赵嘉珩:
"后备人才计划"让我如虎添翼

赵嘉珩
北京市第四中学原学生，北京青少年科技后备人才早期培养计划第
12 期学生

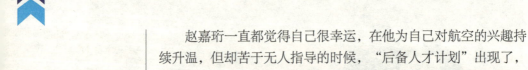

　　赵嘉珩一直都觉得自己很幸运，在他为自己对航空的兴趣持续升温，但却苦于无人指导的时候，"后备人才计划"出现了，成了他的及时雨。

中美飞机碰撞出航空梦想

　　从小就对飞机感兴趣的赵嘉珩，是北京市科协"后备人才计划"的第 12 期学员，当时也是北京第四中学高中二年级的一名学生。2001 年，赵嘉珩刚上小学，那一年发生了美国飞机与中国飞机相撞的事件。这件事的发生，对赵嘉珩的触动很大，美国的飞机撞击后安然无恙，而中国的飞机却被撞落了，我国的航空航天技术和美国比，看来还是有距离的。也说不清是一种爱国的情愫，还是对航空本身的痴迷，从此以后，赵嘉珩就决定为中国航空的强大做点什么！

上了高中后，赵嘉珩除了平时上课，业余时间他几乎都在学习和关注与航空相关的知识。后来他在学校听说有个北京市科协的"后备人才计划"，可能会有这方面的导师帮助指导。经过了解后，这个计划里面果然有航空领域，没有什么好犹豫的，他马上就报了名。

> **在航空领域学习的过程中，他深深感到，要想搞好这方面的研究，需要很扎实的基本功做根基，必须脚踏实地，一步一个脚印地走好，来不得半点虚假，什么都要慢慢来，不能急功近利。**

敢为新型运输机提供设计思路

来到了向往已久的北京航空航天大学，感觉这里的空气都格外清新，在北航的工作室里，赵嘉珩见到了自己的导师黄俊和他所带的研究生。他大部分时间都是跟着师哥、师姐们做一些最基础的计算工作。同时，也在寻找自己的研究课题，最后在和导师黄俊教授的商讨下，确定了进行新型短距起降飞行器的设计及相关的研究。

赵嘉珩研究的是一种新的飞机布局，叫连翼布局，主要是想用一种新的方法来解决现有运输机的问题，而且他认为连翼布局同样也可以用在高机动机型上。但是黄教授听了他的想法后，对他说，进行了很多数据分析后发现，你所设计的这个布局只能用在运输机上，并把他的设计思路都进行了调整。现在，他已经在教授的指导下，制造出了一架样机，而且回传的数据也比较满意。

稳扎稳打，向理想迈进

赵嘉珩说，他一直都保持着对航空的兴趣。考大学时，他报考了北京航空航天大学，继续朝着理想的方向迈进。在"后备人才计划"余下的学习时间里，他深深感到，要想搞好航空领域的研究，需要扎实的基本功做根基，必须脚踏实地，一步一个脚印地走好，来不得半点虚假，什么都要慢慢来，不能急功近利。在沉下心来，在平静中一点点完成的时候，你会忽然发现，在不知不觉中，你已经做完了许多事情。

现在他最大的收获就是在研究上更加务实了。赵嘉珩说，"后备人才计划"给许多像我这样对某些领域非常感兴趣的高中生，提供了一个非常好的平台。这段特殊的学习经历，在他的成长过程中具有非比寻常的意义。同时他也要感谢北京航空航天大学的黄俊教授、杨华学长，北京市青少年科技馆的符其卫老师，北京四中的彭鹏老师、胡致远同学，以及其他一切在飞机的研究上帮助过他的人。

文／许欢

▼赵嘉珩和同学在做航空模型

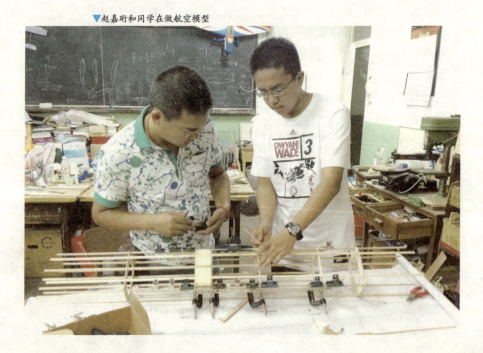

人
才
故
事
·
后
备
学
生

成才经验

1. 父亲潜移默化灌输研究理念
2. 课余时间都在实验室度过
3. 提前感受到科研工作的艰辛

杨健钊:
做生命科学里的探寻者

杨健钊

北京市第四中学原学生，北京青少年科技后备人才早期培养计划第
13 期学生，现为北京大学学生

见到杨健钊是在北京望京地铁站附近的一家星巴克，他戴着
方框眼镜，穿着白色校服，右手腋下夹着一台笔记本电脑，说到
生命科学相关问题时，可以从他的眼中看出那份热切与兴奋。他
说，"这家咖啡店对自己和父亲来说有着别样的意义。"

决定梦想的方向

从三岁开始，杨健钊就在父亲的带领下来到这家咖啡店，点
上两杯咖啡，"坐下来像朋友一样谈话"。从事化工研究的父亲
知道，很多先进理念和研究成果都来自国外，学会喝咖啡和吃西

餐是杨健钊父亲让他了解国外的第一步，咖啡店也成了父子俩的常驻场所，"父亲是个很开明的人，在这里，我们有时候探讨一个问题，有时候父亲教我一些化工方面的知识。"杨健钊说。

如果说杨健钊的父亲是潜移默化地向他灌输研究理念，而他的祖母则是直接带他感悟生命的魅力。作为外科医生的祖母总会在家里放一些有关医学的书籍，他5岁的时候趁着祖母午睡时，把医学书从书柜里翻了出来，就一发不可收拾地喜欢上医学了，祖母也开始主动教他。到了8岁，杨健钊清楚地记得人体各个器官的位置和器官的组成部分，对于一些疾病的发病原因和治疗方法也有一定的了解，已经算得上是一个"小专家"了，并在祖母的带领下学习解剖动物内脏，成为一名医生是他儿时的梦想。

初中时候，他参加了"根与芽"国际青少年环保组织，通过历练，他慢慢地开始思考生命的意义，不再单纯地想成为一

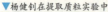
▼杨健钊在提取质粒实验中

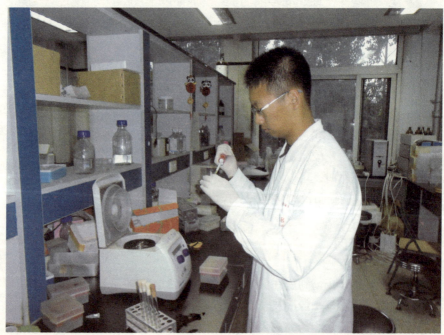

人才故事·后备学生

名临床医生。14 岁的杨健钊有一个很简单的想法，当一名医生做 1000 台手术最多只能救活 1000 个人，若是能够研究清楚一种病毒的致病机理并制造出来针对性的药物，那么救的就远多于 1000 个人。

杨健钊的梦想慢慢地开始向着生命科学的领域倾斜。

"一生致力于探索生命"

2012 年，杨健钊考入北京四中道元班，道元班属于教育部"钱学森之问"系列特色教改实验计划，培养对于某一方面具有浓厚兴趣和学习潜力的学生。

道元班的学生一直享有着"另类"的称呼，杨健钊对此并没有太多的反感，但内心还是希望被当做一般学生，"大多数道元班同学并非智商过人的天才或神童，我们只是对自己有着明确的兴趣爱好和理想规划，在别的学生还在思考将来该学习什么专业或从事什么职

> 14 岁的杨健钊有一个很简单的想法，当一名医生做 1000 台手术最多只能救活 1000 个人，若是能够研究清楚一种病毒的致病机理并制造出来针对性的药物，那么救的就远多于 1000 个人。

业的时候我们已经早早明确了自己的人生理想，并且开始为实现自我价值而努力了。"

类似杨健钊一样的学生可以说是幸运的，也是不幸的。道元班是为了探索改变当下中国应试教育体系的教改实验，却与目前中国的教育体系和升学制度是相违背的，因此大多数道元班的同学高中毕业都选择了出国留学。"由于缺少必要的重复性训练和解题技巧，我们的应试能力往往很欠缺，道元班的学生在素质能力上会比其他学生要出众一些，对学术和专业领域相对熟悉。"

进入道元班，一个选择摆在杨健钊的面前，他必须从自己喜

欢的历史、航空与航天工程、生命科学里选择一项来进行研究，"最后思考再三还是决定选择生命科学，而从那一刻开始我就坚定了这一生将致力于对生命的探索上了。"进入道元班之后，他首先参加生物竞赛课，自学了大学本科生物系的基础课，然后开始自己研究一些问题并且加入到一些专家指导的科研计划中。

做好"小小科学家"

课余时间，杨健钊通常都在实验室中度过，"一旦有别的班的同学有事情来找我的话，我们班同学一定会说我在实验室里，我甚至还想过睡在实验室里，不过还是被老师轰了出来。"说到这些时，杨健钊笑得有些腼腆。

> 如果有一项事业只能够有 1% 的人成功，那么我当然是努力希望成为那 1% 的，但是我也无悔成为那默默无闻的 99%，没有这 99% 的人的付出怎能体现出来那 1% 的人的辉煌。

杨健钊第一次进实验室时并没有确定做什么选题，指导专家娄智勇让他从几个选题中选择，最终他在五、六个选题中确立了"关于两种布尼亚病毒核蛋白转录复制复合体的结构研究"的选题。实验过程往往充满意外，有一次因为实验室被噬菌体污染，使得杨健钊培养的细菌都死掉了。"类似这样的打击还有很多，生物实验往往步骤繁杂、费时很长，一个环节出现细微差错甚至能够让几个星期乃至数月的工作化为泡影。这些挫折让我提前感受到了科研工作的艰辛，也锻炼了我的意志，让我从中明白真正对于科学的热爱是可以克服困难和失败的。"

杨健钊在四中的导师是韩晓彬，主管学校分子生物实验室和生命科学类科技活动。"我刚来道元班的时候对于现代分子生物学实验基础为零，韩老师一步步手把手地教会了我最基本的实验技术操作，让我养成了良好的实验习惯，并且对我的兴趣发展和

▼杨健钊查看摇床中转化后细菌情况

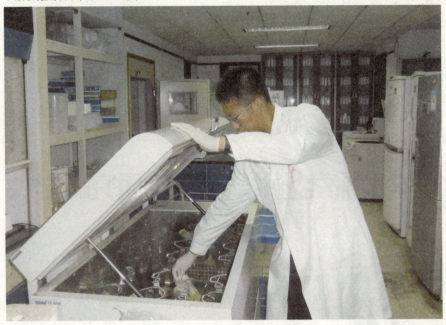

研究提供了很多帮助和指导。"

2014 年，杨健钊带着"关于两种布尼亚病毒核蛋白转录复制复合体的结构研究"的研究项目参加了第 14 届"明天小小科学家"活动，获得一等奖。

对于杨健钊来说，自己的实验生活并没有结束，现在他除了平时依旧"乱想"，关注生命科学界的最新学术进展之外，还提出了自己的新猜想：在光合作用原初反应光解水的机理中，叶绿素中的镁可能在这一过程中发挥重要作用。"光合反应总反应能量转化率（由光能转化为有机物中的化学能）约为 36%，不算特别高，但是光合作用原初反应的能量转化率（由光能转化为电子势能）却高于 90%。如果能探究这一原理并把这高到恐怖的能量转化率应用到实际生活中的话，会有很多人受益。"

文／刘江恒

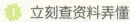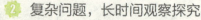
成才经验

1 立刻查资料弄懂
2 复杂问题，长时间观察探究
3 对周围的事物保持新鲜感

人才故事·后备学生

于惠然：
科学地探索艺术，艺术地研究科学

于惠然
北京市第四中学原学生，北京青少年科技后备人才早期培养计划第
14 期学生

　　高中时期，于惠然设计了一款"My Music"的软件，这款
软件会在用户唱出或演奏出旋律的情况下，即时帮助完成全部编
曲工作。能够做出"My Music"软件，与她从小就学习音乐的
经历分不开。

找不到好伴奏就自己做

　　从小喜欢弹琴唱歌的于惠然，在小学三年级的时候，考入享
誉海内外的中国交响乐团附属少年及女子合唱团，大家亲切地称
之为"北京爱乐合唱团"，由著名指挥家杨鸿年教授创建。在这里，
她正式开始了系统的合唱训练。热爱歌唱的她积极参与各种文艺
表演，从初中到高中一直担任校合唱团团长。

随着声乐学习的不断深入，需要练习的曲子越来越多，她开始为找不到合适的伴奏而烦恼。"网络上合适的伴奏很难寻，能找到的大多数质量不高。部分和声软件只能处理比较简单的乐曲，无法应对变化复杂的乐曲，同时也存在编配出的和声与旋律过于单调、无法配合的问题。虽然自己可以手动更改效果，但是每次练习不同的曲子都要更改就很不方便。"

▼ 于惠然的合唱演出

和声编配在计算机及和声领域都不是一个新问题，但是，计算机技术和声系统理论并没有被很好地结合。于惠然说，"两个领域的人都习惯用自己领域的专业知识去解决问题，前者缺乏技术，后者不懂音乐规律，无论谁的结果都不能很好地满足现实要求。"

在于惠然看来，如果自己只是单纯爱音乐的话，不会取得现在的成绩。从小爱好广泛的她酷爱单片机、智能车，在高一接触C++语言后，很快展现出在编程、计算机语言方面的天赋，"网上找到满意的美声伴奏几乎不可能，音乐和软件两方面我都有一定的了解，那就自己动手做吧。"

"科技＋和声"比看起来难

在为项目选择实验室和指导老师时，于惠然锁定了北京理工大学计算机学院教授黄河燕老师，其所在的北京市海量语言信息处理与云计算应用工程研究中心也有丰富的项目研究经验。

第一次与黄河燕老师见面后，于惠然主动说出自己想做"和声编配"，并说明了自己对项目的看法。由于"和声编配"涉及计算机及和声两个方面的知识，但是科研团队中并没有从事音乐研究的人，如何在音乐方面指导于惠然成了摆在黄河燕面前的问

人才故事·后备学生

题。于惠然主动提出相关音乐部分和程序构架由她自己负责。黄河燕老师说，"你的想法和思路都很好，而且你在做自己喜欢的事，我会尽可能地指导你实现你的想法。"

在项目开始时，黄河燕老师认为于惠然现在学习的 C++ 语言并不适合这款软件的程序编写，建议她学习 Python 语言。于惠然利用寒假和学校计算机课的时间开始自学，由于有一定的知识基础，她上手很快，并将所学知识很好地应用到软件编写中。

随着项目的进行，她逐步意识到音乐方面的问题，自己掌握的和声知识并不足以支撑整个项目的进行，"我发现和声并没有想象的那么简单，我需要更加深入地学习相关的理论基础"。在学习 Python 语言，撰写编程的同时，她又开始深入学习《和声学教程》，并拿着项目中遇到的和声问题，向杨鸿年教授及作曲家张以达教授寻求帮助。

黄河燕老师为帮助她解决程序中音频分析的问题，还特意帮她联系了中国人民大学教授许洁萍。"我很感谢黄老师，她知道我高三课业繁重，很多时候她都是特意安排时间来指导我，解答我的问题。"

整个项目是一个漫长的过程，编写、调试，再深入学习和声知识，并以代码形式将之实现。于惠然整个 2014 年的暑假全泡在实验室里，在完成了项目的主要程序的编写和调试工作后又利用课余时间对软件进行逐步完善和改进，同时完成了研究论文的撰写。

妈妈是对自己影响最大的人

说起谁是科学研究道路上对她最有影响的人，于惠然称是妈妈。于妈妈留着一头干练的短发，戴着薄框眼镜，侃侃而谈，1984 年，她从甘肃到北京念大学，理工科出身的她培养于惠然的方式在某些方面更加偏于"女汉子"。

"男孩子玩的东西，只要她感兴趣，我并不反对她接触，接触新事物可以加强动手能力，开阔思路。"于惠然小学毕业后，于妈妈从外祖母手中接过教育于惠然的接力棒。于妈妈说，自己年轻时是个急性子，加上工作很忙，出差频繁，于惠然主要由外祖母带着，"外祖母是个很讲生活规则的人。这让惠然小时候养成了一些好习惯，后来我性子慢慢平和下来，我教育她，她也成了我需要研究和学习的一部分，教育孩子是一项很有挑战的工作。"于惠然笑着调侃道："不过你没有机会将经验用到第二个孩子身上（于惠然是独生女）。"

于惠然很感谢妈妈给她提供了一个比较宽松的成长环境，没有逼着她去上各种课外班，这让她有更多的时间去做自己喜欢的事情，去发现、去思考，将世界看得更细致。于妈妈说，"接触更多的东西才会让她的成长有更多的可能性，不能用大人的思维方式去束缚她。"

> **于惠然整个 2O14 年暑假全泡在实验室里，在完成了项目的主要程序的编写和调试工作后又利用课余时间对软件进行逐步完善和改进，同时完成了研究论文的撰写。**

但她也有必须遵守的要求。于妈妈说，"想做，想好了再去做，做了就必须有始有终。"说到这里时，于惠然埋着头靠着桌子一边窃笑一边不断地点头，嘴里碎碎念着"确实，确实"。于惠然说，"妈妈的教育方式很平和，平常我做事做到一半不想做了，扔在一边，妈妈就会悄悄地'飘'过来，跟我说，'你之前做的事情要不要接着干一下，还没有干完呢'，然后我就会抽出时间去做。"

文／刘江恒

▼在实验室工作的于惠然

人才故事·后备学生

成才经验

1. 跟程序打交道磨性子
2. 提升科学素养
3. 重视对工具书的使用

人才故事 · 后备学生

于宛禾：
做科研让我更耐得住性子

于宛禾
北京市第二中学原学生，北京青少年科技后备人才早期培养计划第
15 期学生

于宛禾从小就对机器人十分感兴趣，也一直在进行相关知识的储备，但苦于科普性的知识储备和真正的科研过程的知识储备还是有很大区别的，所以一直没能真正体会到科学研究的乐趣。升入高中后，通过参加学校的选拔和推荐，以及导师的面试考察，她加入了"后备人才计划"这个大家庭，走进北京航空航天大学机器人研究所的实验室，在导师刘荣和他的团队的带领与指导下，完成了一个自己的课题，完完整整地体会了科学研究的过程。

一次"偶遇"，闪现发明灵感

从小学五年级到初中三年级，于宛禾就一直跟"程序"打交道。她曾经与小伙伴用所学的课外知识，发明了一副带有液晶显示功能的"数据手套"。它可以在听障人士打手势的时候，把动作转换成文字，显示在液晶屏幕上，实现无障碍交流。而这个发明灵感，则是来自于宛禾的一次"偶遇"。

"有一次，我在上学路上遇到了一个聋哑人，他拦住我向我比划了半天，我一直没明白他的意思，因为我看不懂他的手语。后来我掏出纸笔让他写，才明白他是要问路。这件事使我开始思考，如何使聋哑人和我们正常人顺畅地交流呢？"

于宛禾把这件事跟同学提起来，发现大家都遇到过类似的问题。于是，大家就组成了一个科技创新小组，决定用科技手段来解决这个问题。经过和老师的讨论，他们决定尝试用手势转换成汉字的方式，这样既方便了听障人士，让他们能够使用自己已经习惯的手语，也能让我们正常人看明白。

他们用"手套"作为载体，进行项目制作。要将细微的变化用程序语言表示出来，这个过程需要耐心，不停地试验。虽然最终的程序只是短短的几行，但是这几行符号却需要进行无数次的调试，有时候一整天也不能确定信号到底该怎么转换。

"编程就是这样，有时候落下一个符号都不行，生气、着急也没用，只能回去一行一行找错误。几年下来，脾气都磨没了，现在所有人都说我脾气好。"

对着"数据手套"，自然也只能耐着性子慢慢来。经过无数次锲而不舍的调试后，手套上的液晶屏已经可以正确地显示"你在哪儿""我在参加科技创新大赛""谢谢""不客气"等简单语句。"发明还需要不断完善，希望我们的发明，能最终实现听障人士与大家的顺畅交流。"于宛禾说。

科研实践熟悉研究方法

升入高中后，通过参加学校的选拔和推荐，以及导师的面试考察，于宛禾加入了"后备人才计划"这个大家庭。在她看来，作为一个高中生，借助"后备人才计划"搭建的平台，在高校实验室中更需要提升的是一种科学素养，或者是说学科素养。

人才故事·后备学生

"一年的时间说长不长，说短也不短，一个课题研究所涉及的知识，相对来说十分有限。所以，中学生走进高校实验室，重点并非放在渴望进行多少新知识的学习，而是应该在整个研究的过程中认真体会、熟悉并领会该学科的基本研究方法，因为方法是通用的，并且是可以持续使用的。"

在体验科研实践的过程中，于宛禾十分重视对工具书的使用。"不管是参与学科竞赛还是'后备人才计划'这样一种科研实践，对于我们学生来讲，利用专业上的工具书自学都是非常重要的一门功课。"于宛禾认为，高效、合理使用工具书的关键，在于对症下药，在阅读、浏览、学习之前，需要明白自己想要解决的问题是什么，这个问题要具体到点。只

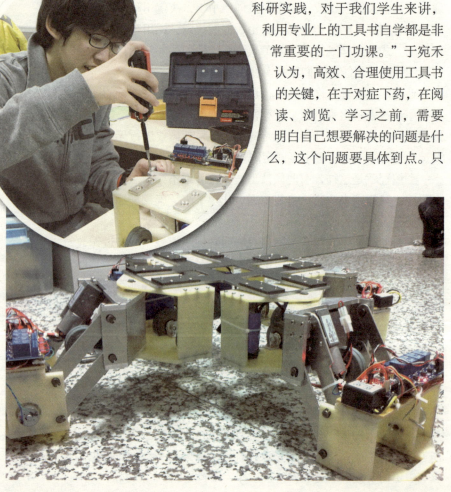

有善于总结我们遇到的问题和不会的点，才会让我们在查阅资料时更有针对性，更能快速地解决问题。

科研讨论磨炼意志品质

参与"后备人才计划"的一年中，完整的科研实践经历，让于宛禾受益匪浅，真正了解了科研的严谨性，了解了遇到问题应该怎么解决，如何和导师、团队进行有效的交流，这些都是在高中校内教育中无法获得的。

"在我的课题研究过程中，有一个难点在于如何连接机器人的四个腿部支链，最初我提出了永磁铁和电磁铁两种连接方式，在第一次的样机试验中，我基本实现了永磁铁的构想；鉴于改进方向中的电磁铁方案，在设计上有较大的技术难度，老师召集了实验室的博士生和我一起进行了一次交流。"于宛禾说，在这次交流中，她切实体悟到了科技创新几大步骤中的"发现并提出合理问题"和"提出方案及工程目标"这两项的具体含义。这个讨论的过程，不仅让她领悟了科研初期的方式方法，也对她今后的学习生活产生了极大的影响。

可以说是这个经历让我学会了"讨论"，而"讨论"这个技能无论是在社会工作的处理上，还是文化课的学习上都有着极大的作用。同时，这个过程也磨炼了我的意志品质，让我再不轻言放弃，但也懂得变通；让我变得更加坚强，不惧困难，对突发情况的处理更加临危不乱。

于宛禾的课题获得了北京市青少年科技创新大赛一等奖，并在第 15 期北京青少年科技后备人才早期培养计划展评活动终评中获得"最佳学生"的荣誉称号。她希望自己可以在大学中学习自己理想的专业，能够在自动化领域继续深入学习。

文 / 吴洣麓

人才故事・后备学生

人才**20**年 北京青少年科技
后备人才早期培养计划

成才经验

1 发挥坚韧和执著的精神，不断尝试探索，在失败中重新定向
2 创新灵感源自于生活中的观察
3 负责任地创新

人才故事·后备学生

施则威：
在生活中寻找创新点

施则威
北京市第四中学原学生，北京青少年科技后备人才早期培养计划第
16 期学生

施则威从小就对科学十分感兴趣，小学五、六年级的时候，他就有了自己的第一项专利。一开始，有些小发明是一些灵感的闪现，或者是随意的发挥。慢慢地，他开始想证明一些事情，用更加科学、更加客观的方法来表达，这是自己科学上的进步。

一次上医院，促成小发明

施则威是个爱动脑筋的男孩，上初中的时候，有一次他去医院，发现常有因门扇大开致使正就诊的患者隐私泄露的事情，这是因为诊室空间狭小，没有地方安装玄关帘，即使安装上，医生也不可能常常记着把它放下来，遇到一些推门就进的人，患者的隐私很难得到保护。

"能不能设计一款不占空间，当需要时才出现，且不需要人为关注、能自动运行的遮挡装置呢？"

经过反复尝试，施则威拿出了自己的设计方案：用一个机械运动控制另一个机械运动，这套静态零张力的牵引机构，使得玄关帘与门同步运动，随门扇开启逐步打开，随门扇关闭渐次收回，实现自动开闭、动态遮挡。施则威用学过的几何知识实现了玄关帘展开宽度始终大于门框宽度，确保了理想的遮蔽效果。

"这个发明适用的地方有很多，如家居、办公场所、酒店客房、演艺场所后台及更衣室、医院检查治疗室、旅行房车等多种场合。"施则威对自己这一发明的未来展望很是乐观。

施则威初中的这个小发明，获得了第 29 届全国青少年科技创新大赛的二等奖。

创新直击社会棘手问题

进入高中以后，施则威的知识面扩展了不少，对电子、计算机编程有了初步的接触和了解，考虑问题的深度和广度都有所提高。秉持着创新来源于生活，服务于生活的理念，他将注意力投

人才故事·后备学生

向老龄化社会的一些棘手问题，对老年人的健康和生活质量十分关注。

他观察到老年人随着体能及平衡能力的下降，在日常生活中经常摔倒受伤，并因伤致病，给家庭和社会带来巨大负担。于是，他便决心发明一个能够方便监测老年人平衡能力的小巧的电子装置。当老年人随身佩戴时，可实时显示平衡能力，并可以反映长期变化趋势，这样就可以在监测到老年人平衡能力低于一定阈值时，及时予以提醒，避免摔倒惨剧的发生。

虽说想法不错，但实际尝试一番后，才知道这属于生物医学仪器工程的前沿领域，难度很大，已经远远超过了日常小发明的范围。知识储备不足、研究手段欠缺、缺乏正规科研训练，一时间让他一筹莫展。所幸的是，"后备人才计划"向他伸出援助之手。抱着试一试的心态，他将个人情况和研究设想递交给"后备人才计划"的培养单位之一清华大学医学工程与仪器实验室，很快就得到了实验室老师的肯定，并将其接纳为培养对象。

名师指点，不断探索，设想终变现实

清华大学老师的悉心指点，为施则威打开了科学研究的大门，让他了解到前辈们在该领域已经探索走过的道路和取得的成果，也让他感悟到用严谨科学的研究方法指导科学研究的重要性。实验室各种先进齐全的设备让他大开眼界，也为验证他在科研探索中的一些设想提供了良好的物质条件。

在名师的指点下，施则威发挥了坚韧和执著的精神，不断尝试探索，在失败中重新定向，收敛研究范围，调整主攻方向，将最初模糊的设想一步步变为现实。最终，他在理论上有了突破，并进一步利用传感器、单片机及无线通信

技术，将设想实际制作出来，研制成功了一款微型智能穿戴设备。

该设备如同温度计测体温、血压计测血压一样，首次简便地实现了平衡能力的实时测量，能对老年人行走失衡提供预警，降低摔伤危险，又可长期跟踪记录平衡机能变化。施则威将所研究的装置用于不同人群，进行平衡能力的测量试验，并在测试中不断改进算法，完善装置，达到了理想的预期。

▲施则威在实验室中学习

也正是该发明装置，在第16届"明天小小科学家"奖励活动中，施则威荣获了"明天小小科学家"称号。

人才故事·后备学生

"创新需要灵感，也需要负责任"

对于未来的目标，施则威希望自己能够去创业。如今，"大众创业 万众创新"成为一句很火的口号。对此，他有自己的理解："创新起源于一些灵感，灵感源自于对生活的观察，我们要多去观察生活，才能找到大家的需求，才能找到创新的切入点。"

施则威认为创新还需要负责。"因为现在专利非常多，可以说创新的口号被叫得铺天盖地，但能拿出来的特别优秀的产品非常少，具有很大市场或经济价值的更少。"所以，他认为负责体现在创新方面，需要做出来一个东西时要反复去验证它，需要对产品负责，需要对用户负责，需要对所有的事情负责。"这也是一个发明家，一个企业家最需要做的事情。"

文／吴泐麓

大事记

"后备人才计划"的 20 年，是探索科技教育新路的 20 年，是科学家们无私奉献的 20 年，也是科学苗子——明日的杰出科学家初露头角的 20 年。

大事记

7 月 19 日，"北京青少年进实验室计划"正式更名为"北京青少年科技后备人才早期培养计划"。

同年底，北京青少年科技后备人才早期培养计划纳入北京市委组织部人才折子工程，使青少年科技后备人才培养成为了北京市人才工作的重要组成部分。

6 月，北京青少年科技俱乐部正式建立，为我国青少年科技后备人才的培养，做出了具有重要意义的探索。

1996年

2001年

1999年

2004年

11 月，北京市科协正式启动实施北京青少年科技后备人才早期培养计划。

北京青少年科技后备人才早期培养计划从第三期起，领导工作移交给了北京市科协青少年工作部，并与北京市科协学会联合办公室联手，负责活动的组织管理工作。

北京市科协在北京市第十二中学举办"奋斗与机遇——郝柏林院士报告会",成为北京青少年科技后备人才早期培养计划中"我与院士面对面"青少年科普报告会系列活动的开篇之作。

大事记

2008年

2012年

2010年

北京市教委以高中课程改革为契机,成立北京青少年科技创新学院,并启动了"翱翔计划",随着这一计划的进行,参加的青少年学生和导师及实验室不断增多,规模迅速扩大。

北京青少年科技后备人才早期培养计划首次为郊区青少年提供进入实验室参与科研的机会,平谷中学、延庆一中等9所郊区学校的45名学生进行了申报。

育才

篇

20 年的探索,
20 年的积累,

在各方的辛勤努力下,
为了同学们更快地融入计划中,
我们分析案例,
科学归纳经验,
以实践指引同学们成长!

导语： 　　教师在教学中积极引导学生主动发现问题、提出问题，使整个教学过程围绕学生产生的问题展开研讨和交流；引导学生善于理清和表达自己的见解，学会倾听、理解他人的想法，学会互相接纳、赞赏、分享和敢于发表自己的看法。同时，教师也更要以谦虚、耐心和宽容的心态，倾听学生的各种想法，洞察这些想法的由来，鼓励学生之间相互交流和质疑，以引导学生完善和调整自己的见解。这样，就会大大激发学生的积极性和主动性，学生的探究能力、科研热情才会不断得到培养。

育才篇·启蒙

教师和家长怎样发掘和引导学生对科学研究的热情？

　　中学生精力旺盛、求知欲强、好奇心浓厚、喜欢探究一些感兴趣的问题，因此中学阶段是培养学生研究热情的重要时期，有可能会对学生日后从事的职业选择起到决定性作用。作为老师，要具有一双能够发现的眼睛，发现那些具有研究潜能的学生，并积极引导他们，为他们搭建更高的平台，使他们获得更长远的发展。

课上课下积极引导学生兴趣

　　教师可以利用课上的时间，发现思维活跃的学生。我作为一名生物老师，平时上课时，就经常让学生讨论一些生物学热点问题，比如青蒿素是什么、小头症的病因、寨卡病毒的传播等，充分让学生发表自己的看法，鼓励学生积极思考，想错了没关系，最重要的是敢于去想。在学生发言的过程中，发现那些思维活跃的学生。例如，孔德泽是我初一时教过的学生，那时她就表现出对生物学的强烈兴趣，课上会提出一些自己的见解，并在课下与

▲学生们观察虫瘿

我讨论她感兴趣的问题。高一时，她想做一个微生物方面的课题，而我们学校的实验条件尚不完善，我帮她联系到北京市农林科学院，在那里她能够将自己的想法付诸实施。

教师还可以利用带学生外出学习考察的机会，发现有科研潜质的学生。我经常在周末带领学生去科研单位进行科技考察活动，记得在 2012 年 9 月，我带领 30 名学生到昌平区"生物多样性与天敌资源研究试验示范基地"进行考察，并带学生到附近的白杨沟进行生物采集。科技考察活动中，刘懿天、武睿鹏和彭君湜三位同学引起了我的注意，虽然这次活动路途遥远，比较辛苦，但他们却兴趣盎然，扫网、识虫、捕蝴蝶，非常开心，更重要的是，他们采集识虫时，比别的同学更专业。经过交流，我鼓励他们常与我联系。后来，只要有空，他们就会到我的实验室来，整理采集昆虫、观察虫瘿的孵化情况、制作蝴蝶标本、进行动物解剖等，他们利用一切可以利用的机会，在实验室中进行感兴趣的研究。在学校科技节活动中，他们为全校师生免费测血型，受到了师生的欢迎，连食堂的工作人员也排队过来检测血型了！做自己喜欢的事情，他们乐此不疲。作为老师来讲，不但要发现真正喜欢探究的学生，并且应当利用现有的条件，尽力满足他们的需求。不仅如此，还要给他们搭建更高的平台，因此我推荐他们参

加第 13 期 "后备人才计划"，在相关专家的指导下，进行更深入
系统的课题研究。

逆境中做孩子坚强的后盾

育才篇·启蒙

　　科学研究的道路从来都不是一帆风顺的，即使是学生的小课
题，也同样充满了困难和坎坷。这时候，学生特别需要老师的鼓
励和帮助，重新鼓起前进的勇气。孔德泽同学第一年的课题参加
了北京市海淀区青少年科技创新大赛，成绩并不理想，只得了海
淀区二等奖，这对付出了很多心血和精力的她来说，是个小小的
打击，所以情绪有点低落。我跟她聊了几次，让她思考自己到底
想要的是什么，仅仅是比赛的名次吗？如果自己真心喜欢生命科
学，还有两年的机会可以去尝试。后来，我们一起分析了之前实
验做得不好的原因，调整了实验思路，她利用高二课余时间继续
在北京市农林科学院进行课题研究。对于学生来讲，让她清楚自
己真正热爱的是什么，正视自己内心的需求，为自己喜欢的事情
去努力、去坚持，这才是最重要的。经过高二一年的努力，孔德
泽的课题获得了北京青少年科技创新大赛二等奖，也正是由于她
连续两年的课题研究经历，顺利申请到英国帝国理工大学读书的
机会。

　　任何一个学生课题的进行，都会遇到各种各样的困难，需要
老师和学生一起去想办法。刘懿天小组经过广泛的资料查阅后，
结合自己的兴趣，选定了 "北京奥林匹克森林公园两种蜘蛛结网
差异的研究" 课题。他们满怀热情地投入到研究中，周末及节假
日时间几乎都是在奥林匹克森林公园中度过，但面对各种蜘蛛，
光是蜘蛛的鉴定就让他们犯了难，根据检索表还不能完全确定，
我联系了中科院动物所蜘蛛分类专家帮他们解决了这个问题。后
来，他们记录了蜘蛛结网相关的大量数据，经过 Excel 表格进行
简单的柱状图和饼状图分析后，发现这种分析的结果科学性并不
强，数据之间是否具有显著差异，还需要用 SPSS 软件进行分析。
这对还是高一学生的他们来说，都是全新的东西，我一方面鼓励

他们下载并自学这个软件；另一方面，又帮他们联系了擅长统计学分析的师弟，帮助他们解决数据处理中的问题。

家长的陪伴是最大的支持

孩子喜欢科学研究，有了老师的帮助，更离不开家长的支持。孔德泽做课题期间，是暑假里最热的时候，她的妈妈坚持每天接送，有时候还跟她一起在实验田中工作。对于孩子来说，陪伴，是最有力的支持。张云帆同学假期在中国农大实验室做实验，为了节约路上奔波的时间，她的妈妈就在大学门口的宾馆租了个房间。可以说每个孩子的父母都在自己力所能及的范围内，给孩子最大的支持。家校合力，是促进孩子顺利开展实验的重要条件。但也会遇到学生家长不支持孩子的情况，希望孩子放弃自己的兴趣，从事家长已经为他们选择好的专业。面对这种情况，我会建议他们听取孩子的想法，进行深入沟通后再做出选择。

在学生进行研究的过程中，老师帮助、家长支持，家校一起给学生提供一个宽松的环境。我们努力为学生的成长提供平台，提供航向，尊重他们的选择，耐心等待，让他们真的成为他们自己。

前面提到的孔德泽现在在斯坦福大学攻读博士学位，她的专业，依然是当初的选择——生物工程。喜欢实验的那三个学生，目前已经上大二了，刘懿天就读于第四军医大学临床医学专业，武睿鹏在北京理工大学生物工程专业就读，彭君湜在北京航空航天大学生物医学工程专业学习，三个人都坚持了最初的梦想。希望老师和家长能够具有发现的眼睛，通力合作，让具有科研潜能的孩子，始终具有研究的热情，期待他们终有一天能够展翅翱翔！

文／北京市十一学校 窦向梅

育才篇·启蒙

TIPS：

作为老师来讲，不但要发现真正喜欢探究的学生，并且要利用现有的条件，尽力满足他们的需求，为他们搭建更高的平台，使他们获得更长远的发展。

导语： 中学期间，学生的课业紧张，参加科技活动肯定会消耗大量的精力，因此，学生一定要学会管理时间，合理利用时间，同时，面对升学的压力，参加科技活动也要得到家长、教师的支持。

学生参加科学研究活动应做好哪些准备？

育才篇·启蒙

目前，我国的中学教育与高等学校的教育模式还是有一定的不同，中学生进入高校进行科学研究，如何在短时间内适应环境并开展科学研究呢？应该做好哪些准备？

时间安排要合理

高中学习阶段，由于课程负担较重，学生要花大量的精力和时间完成课堂作业、参加各类课外班并准备高考，如何合理安排时间参加科学研究则非常重要。北京理工大学附属中学的朱润与同学的应对方法是"协调时间——在忙碌中寻找平衡"，即利用路上的时间，完成学校的背诵及阅读类作业；回家后，提高自己的工作学习效率。

首先，要及时与相关实验室导师沟通并制定研究课题。研究方向及课题制定后，请导师推荐有关书籍阅读，并围绕自己的课题进行文献检索及基础知识学习，做好课题研究开始前的理论知识储备，这部分工作可以利用平时零散时间完成，每天利用 1 个小时，积少成多，要多看文献、多研究别人的思路，边学边思考。磨刀不误砍柴工，理论知识准备得越充分，科研越顺利。开始的几步偷懒，将造成后面出现一些无法排除的障碍。

其次，要用相对完整的时间进行科学研究。科学研究实验需要有一定的周期，很多实验研究，不是在短时间内就可以完成的，观察某种现象、反应，往往需要几天、几周，甚至几十天、几年的时间，这种实验结果的观察是连续性的，不可间断。如果没有相对集中的时间进入实验室，是不可能观察到某种现象的变化过程的，实验会半途而废，达不到预期的目标。正式实验研究开始后，中学生应尽量安排寒暑假及小长假的时间进入高校实验室进行科学研究，充分利用集中的时间完成相关实验。

获得家长的支持和信赖

由于中学时期功课比较紧张，有一些家长不赞成孩子参加科研活动，毕竟中学生有高考的压力，参加"科技活动"不能直升大学，还占用学习时间。这就需要学生、老师与家长进行沟通，以身边成功参加科研活动的同学为例，获得家长的支持。

在青少年科技后备人才早期培养的活动中，不少家长渐渐发

▼"后备人才计划"学员在展评活动中介绍自己的研究

现，孩子在"科技活动"的学习中发生了巨大的转变，学会了兼顾学习和科研，家长也因此转变了态度。如一位身为公务员的家长非常支持女儿黄丹林参加青少年科技后备人才的培养，在孩子进行科研活动的日子里，从交通、饮食等方面给予孩子大力的支持，并帮助女儿一起查阅文献、讨论问题。研究课题完成后，家长连用了几个"特别"来描述发生在孩子黄丹林身上发生的改变。即特别知道感恩：因为"科技创新研究培养"是在高中课程体系外的培养计划，高校实验室的指导教师和研究生们都是利用休息时间帮助黄丹林，她感受到了这种温暖。一次，一位研究生学姐晚上加班没吃饭，她便用积攒的零花钱为学姐买了一个面包。特别懂得合作：研究生们也会安排她干一些与研究无关的事情，刚开始这个"90后"小姑娘也会使小性子，而今她已经学会了如何与人沟通，怎样提出自己的想法。特别讲究效率：以前都是第二天早晨起床后匆匆忙忙收拾东西，现在头天晚上书包和衣服都会整整齐齐地放在床头。一个个细节如数家珍，家长眼中饱含欣喜，"感觉孩子一下子长大了"！获得家长的支持和信赖是中学生完成科研活动的重要条件。

TIPS：

>> 很多实验研究，不是在短时间内就可以完成的，观察某种现象、反应，往往需要几天、几周，甚至几十天、几年的时间，这种实验结果的观察往往是连续性的，不可间断。中学生应尽量安排寒暑假及小长假的时间进入高校实验室进行科学研究，充分利用集中的时间完成相关实验。

育才篇·启蒙

科研课题的选择是重中之重

科学研究工作的本身就是一个不断提出问题和解决问题的过程，选题是科研工作的真正起点。科学研究中首先碰到的问题是选择什么课题和如何选择课题的问题，这是整个科研工作的第一步。著名科学家维纳说过，知道应该干什么比知道干什么更重要。提出一个科研选题比解决一个现实问题更困难。因为选到一个有价值、有创造性的课题，既要懂得课题的来源，又要有相当的科学素养，要理解选题的价值意义、要富有想象力、对选题要有浓厚兴趣、有相当的知识储备等。

建议中学生选择课题时，尽可能根据日常生活中感兴趣的问题，提出研究课题。如为什么冬、春季节感冒人数较多？雾霾天气对人体有什么危害？我国在大型国际活动期间限制机动车

▲实验室活动

出行数量，为什么空气质量会好转？候鸟迁徙的机理是什么？例如，北京师范大学附属中学王月林同学观察到现在北京骑自行车出行的人很少，小汽车数量逐年增加，城市交通压力日益增加，空气污染、交通拥堵的问题越来越严重，公众对低碳环保的呼声越来越大。于是她提出了自己的问题——什么原因导致人们放弃骑自行车出行，自行车路网规划对人们的骑行有何影响，有哪些措施可以促进北京人出行选择自行车的热情？这些问题促成了自己的研究课题——"北京城区自行车路网现状调查与改进研究"。

当然学生也可以根据高校实验室的研究方向选择课题。中学生可以根据自己的兴趣选择肝癌、肺癌、结肠癌、白血病等恶性肿瘤的发生原因、发生机制、对机体的危害等制定研究课题，或选择高校实验室既定研究课题，如"红酒和白酒对机体肝功能的影响"，根据此题目制定自己的实验内容和实验流程。

文／首都医科大学 王学江

育才篇・启蒙

导语： 选择对科技感兴趣的学生参与"后备人才计划"是应该测评、甄别和筛选的，一方面优质资源要真正用到可造之才身上，另一方面参与的学生要真的热爱、投入，能安排好个人时间，有毅力坚持学习和研究，二者缺一不可。

育才篇·启蒙

中学科技教师如何帮助学生选择适合的学科？

王绥琯院士曾经在 1998 年提出，将科技创新人才的培养重心下移，要关注高中甚至初中学段的学生成长，让他们早些了解科学发展的前沿，对科技感兴趣的学生进行早期培养，选拔真正热爱科学并初显禀赋的人才，培养国家未来的科技栋梁。对于高

▼ "后备人才计划"学生在南海子麋鹿苑博物馆开展活动

中学生，如何发现、选择自己喜爱和感兴趣的科学领域？教师又如何帮助学生自我认识，以及进行后续的学习和研究呢？

美国学者曾经做过研究，针对学生开放性和好奇性这两个特质与兴趣关联的内在动机水平相关程度进行测量分析，学生这两个特质有助于发现高兴趣动机水平的学生，筛查出动机水平低（俗称不知道自己喜欢什么，需要被激发兴趣）的学生，前者问问就能知道，后者比较难发现；另一种形式基于实际观察，凭老师经验，老师在授课过程中，可以看出这个孩子是不是在专心听，课后学生是否有问题反馈。研究者还认为，一般学习成绩好的理科孩子对科技等闲暇课程比较感兴趣，因为他们有时间参与活动而且不会因为活动耽误学习，所以从成绩上选择也是很普遍的。

作为中学教师，在教学和活动中，可以发现、选拔对科技感兴趣的"苗子"。教师通过与学生的谈话、讨论问题、交流，可以感受学生的学习主动性、思考问题的深度，以及对问题解决方案设想的开放性（思维能力）等综合素质。当然每一类学科的学习方式会有异同，教师的甄别方式也会有差异，但学生对某个事物（或问题）的关注程度、持续的态度表现总会显现其特点，为老师的施教提供最基本的信息。当他们对任何学科的问题提出更值得深入研究的问题时，也就是我们选择培养目标的开始。

TIPS:

教师通过与学生的谈话、讨论问题、交流，感受学生的学习主动性、思考问题的深度以及对问题解决方案设想的开放性（思维能力）等方面进行考察，当然每一类学科的学习方式会有异同，教师的甄别方式也会有差异，但学生对某个事物（或问题）的关注程度、持续的态度表现总会显现其特点，为老师的施教提供最基本的信息。

育才篇·启蒙

兴趣使然，学生自主

有些学生，自我认识开启得早，在教师课堂任务的引入中，通过一系列的思维活动、互动分享，感受到自己热爱的学科并在小课题研究中得到持续发展。例如，2016 年第 36 届北京市青少年科技创新大赛荣获一等奖的康瀛心同学就是自主学习、自主发展的典型代表。她说，"在初中的数学课堂上，不同的教学方式让我感到很新奇，老师让我们自己预习、讲课、出题。这种新颖的方式让我从学生、老师、出题人等不同角度看待数学，更全面地理解这个学科，也很喜欢数学带来的逻辑上的挑战。初中我还写过小文章，有关于折纸中的数学、密码学与代数，高中写的论文有折纸中的黄金分割（继续初中时期的研究）等。高中数学我选择了建模班，印象比较深的是老师布置的思考作业，比如，算 e 的取值范围。思考作业对我的帮助很大，不是硬性作业但是完成之后能力上会有提升。"

分享经验，发现自我

北京四中秉承举办一年一度的科技教育成果分享会的传统，会邀请优秀毕业学生分享其学习和研究的经验，他们的成长故事会激发出火花，传导给未来新一届的科技爱好者新的信息、新的能量、新的动力，开启一扇窗，打开思路，发现自己的研究领域并获得学长的帮助。

第 28 届全国青少年科技创新大赛一等奖、第 12 届"北京市青少年科技创新市长奖"获得者赵嘉珩同学为学弟、学妹们提供了一些专业帮助，比如关于无人机领域的国际国内进展研究信息，同时在项目进行中交流感想和遇到的问题等。胡志远同学研究"折叠式飞翼和多旋翼 GPS 航拍飞行器""脉冲喷气发动机"，以及伍兴云同学研究的"新型室内飞行侦测系统"等项目。获得学长的经验分享，对同学的成长有明显的帮助，让兴趣相同的学生相互鼓励、相互学习，共同进步。

导师引路，挖掘潜能

学习能力强，成绩优异的同学，虽然对科技研究有些关注，但从没有独立思考研究课题的经验。由于参加人才培养项目，他们才有机会走进科研院所，在导师的引领下，拓宽眼界，对某一学科学习更深入、更系统，跟随导师做出课题的研究计划并坚持完成研究任务，取得优异成绩。

张瑞琪同学通过双向选择，加入到北京大学化学与分子工程学院刘海超教授团队，因为一直对环境问题研究感兴趣，刘教授结合其团队的特点，经过多次讨论，最终确定在刘教授和孙乾辉博士的指导下，开展 2.5- 呋喃二甲酸（一种重要的生物质平台分子）选择性催化氢解制备己二酸（一种重要的化工原料）的研究。确定选题后，导师们提供了一些中文和外文参考资料（如《催化原理》《有机合成》等），以弥补学生对这个领域较短缺的专业知识。一个月后，正式进入实验室进行实验。在实验过程中，他们一起探讨下一步实验的思路、方向；在遇到问题时，一起分析问题的节点，探讨解决问题的方法。该项目在筛选催化剂和考察反应条件时曾多次失败，但经过不懈努力和不断探索，经过大量实验，最终找到了适宜的催化体系和反应条件，得到较好的实验结果。"基于生物质平台分子制备重要化工原料的新路径探索——2.5- 呋喃二甲酸选择性催化氢解制备己二酸"荣获第 31 届北京青少年科技创新大赛一等奖。

从普遍意义上讲，选择对科技感兴趣的学生参与培养项目是应该测评、甄别和筛选的，一方面优质资源要真正用到可造之材身上；另一方面，参与的学生要真的热爱、投入，能安排好个人时间，有毅力坚持学习和研究，二者缺一不可。

文／北京四中 李雪梅

▼机器人展示

育才篇·启蒙

导语： 　对于走进大学实验室进行早期科学研究培养的中学生来说，了解高校实验室的基本情况是非常重要的，是从事早期科学研究的第一步。

孩子走进大学实验室前需要了解什么？

育才篇·启蒙

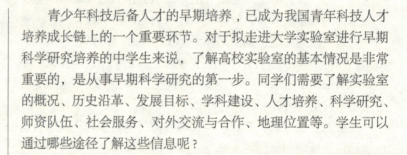

　　青少年科技后备人才的早期培养，已成为我国青年科技人才培养成长链上的一个重要环节。对于拟走进大学实验室进行早期科学研究培养的中学生来说，了解高校实验室的基本情况是非常重要的，是从事早期科学研究的第一步。同学们需要了解实验室的概况、历史沿革、发展目标、学科建设、人才培养、科学研究、师资队伍、社会服务、对外交流与合作、地理位置等。学生可以通过哪些途径了解这些信息呢？

充分利用身边的资源

　　与身边曾进入过大学实验室学习的高年级同学、老师交流，是中学生了解大学实验室最直接的途径，是很好的信息资源。学生对某实验室的评价是较为真实的，也是具有较高参考价值的。因为他们在实验室进行了 1 年甚至更长时间的实验研究，对所在实验室的情况比较熟悉。你可以与这些同学进行交流，他们会较为全面地给你介绍实验室的相关信息，使你在短期之内对该研究室有一个大概的了解；他们还可以从学生的角度出发，用自己的切身体会，用他们的成功和失败的经历，给你介绍如何尽快适应高校或研究所的学习，这是你少走弯路的一个重要环节。

也可以通过你的中学老师了解大学实验室，目前北京市几乎所有的中学均已开展了科技创新、后备人才培养等工作，已将大批中学生送到了大学的实验室。在这些活动中，中学的科技老师与相关大学实验室导师建立了良好的关系，相互之间有了一定的了解，熟悉相关高校实验室后备人才培养情况；另外，你的中学老师对你的性格、学习情况、科研潜质等比较了解，在选择大学实验室及科研方向时，会给你提出有针对性的建议。

▲学生利用偏光显微镜观察样品形貌

育才篇·启蒙

通过网页邮件获取相关信息

访问拟前往实验室所在大学的网站获得所需信息，这是很重要的信息来源，是了解一个实验室最便捷的途径。可以先进入大学网站的主页大概浏览，就能满足你的大部分信息需求。很多实验室还有自己的网页，进入这些网页，你可以了解到该实验室的学科带头人（教授）情况、科学研究的方向、所承担的科研课题、现有的科研经费、实验室的人员组成、所出版的著作、已发表的论文、实验室的面积、所使用的仪器设备等。有些实验室的网页上还有往届后备人才培养的相关信息，这也很重要，你可以从中了解这个实验室的青少年后备人才培养情况、科研完成情况、论文发表、获奖情况等。这些信息对你了解该实验室有很大的参考价值。

现在电子邮件很方便，学生可以通过邮件与相关的高校导师取得联系，询问实验室的相关信息。如该实验室的研究方向、实验室一般情况、以往后备人才的培养情况、对中学生开放的研究课题有哪些、怎样才能进入该实验室开展科研工作、实验室对参加早期科研活动的中学生有哪些要求等，这些信息均可以通过邮件的方式直接询问高校的导师。同时，也应该告诉导师你在哪个中学学习、自己的性格特点、在校学习情况及成绩、你的爱好和希望等，让导师对你有个初步的了解。这样获得的信息是最直接、也是最明确的信息。

你也可以通过邮件的方式，与实验室导师讨论一些学术问题，请导师指导你的学习、文献查阅、如何培养创新能力；并可以请导师介绍一些参考书籍、文献、网站等参阅科学研究的相关知识。无论有什么问题，你都可以向实验室导师提出，不用有顾虑。

面对面实地参观直接获得信息

当然，最直接的方法是与高校导师约定个时间，申请到拟去的实验室进行参观。一般高校实验室都是很欢迎青少年参观、学习的，他们会给你介绍实验室的有关情况，带领你参观实验室的各种仪器、设备、设施等。

通过这种途径，你可以实地了解实验室的科研进展、仪器设备、科研团队建设等情况，学习实验室的实验记录、设备运行记录和有关规章制度。这样，你便对实验室的定位、取得的成果、人才队伍建设、与国内外的合作、实验室的运行机制等有了一定的了解的同时，还可以了解该实验室的学术交流情况，所取得的成效；实验室的相关规章制度，管理运行模式，科研协作是否融洽，学术氛围是否浓厚等；可以实地参观研究生如何进行实验操作，中学生科技后备人才如何进行实验研究等。有了基础

育才篇·启蒙

TIPS:

>> 了解实验室最直接的方法是与高校导师约定个时间，申请到拟去的实验室进行参观。你可以实地了解实验室的科研进展、仪器设备、科研团队建设等情况，学习实验室的实验记录、设备运行记录和有关规章制度。这样，你便对实验室的定位、取得的成果、人才队伍建设、与国内外的合作、实验室的运行机制等有了一定的了解的同时，还可以了解该实验室的学术交流情况，所取得的成效；实验室的相关规章制度，管理运行模式，科研协作是否融洽，学术氛围是否浓厚等。

认识后，可以帮助你选择自己感兴趣的实验室完成科学研究。

查阅实验室发表的论文了解研究工作概况

科技论文是科学研究最直接的产出形式，是体现科研院所科技实力与科技竞争力的重要标志之一。许多中学生由于没有科研经历，看不懂论文，不是很重视这种了解途径。北京市第十五中学的刘润宇同学对生物医学工程专业很感兴趣，在选题过程中，对文献查阅的重要性深有体会。最初，刘润宇同学在阅读相关文献时，觉得枯燥乏味，看不懂。但为了研究立项的课题，他坚持查阅相关文献，最后深有感触地说："真正读进去，去分析那些力学曲线的时候，便不觉得乏味了，那曲曲折折的曲线，仿佛描绘出了血管壁的一张一弛，仿佛有了生命的力量。"

通过以上途径，你可以较为详细、准确、全面、深入地了解到拟去的科研实验室情况，然后对自身条件进行严格审查和分析，这样才能做出客观的决定，才能知道你的兴趣所在、你的研究优势何在，以此进行实验室的挑选和安排。

总之，希望你在选择科技创新实验室过程中，在做出决定前，要了解你未来高校导师的学术风格、性格特点、对待学术的态度、对学生的要求、是否容易相处、是否有责任心等。相信走好了第一步，后面的路会给你增加许多快乐，你就会充分享受学术的乐趣。

文／首都医科大学　王学江

▼ "后备人才计划"学员王月林在测量自行车道宽度

导语： "双选会"是北京青少年科技后备人才早期培养计划为科研导师、中学生及中学科技教师搭建的面对面、近距离沟通的平台。一方面，导师可利用"双选会"充分展示所在实验室；另一方面，也可以利用这个与学生直接沟通的机会，物色适合自己实验室的学生。

育才篇·启蒙

大学导师如何与学生完成双向选择？

"后备人才计划"为部分学有余力的优秀中学生进入"神秘莫测"的高校及科研院所实验室架起了一座桥梁。然而，中学生如何能走进他们心仪的实验室，实验室又如何筛选出真正适合的中学生，这就涉及双向选择的议题。

TIPS:

▶▶ 导师要利用学生到实验室考察的机会充分了解每一位可能来的学生，在下发考察通知时应当要求他们各自准备一个介绍自己以及拟开展研究课题的PPT，用几分钟的时间展示自己，接受老师及同学们的提问。

利用网络资源进行初步了解

通过"后备人才计划"多年的摸索和总结，目前实现双向选择的途径已有很多，常用的主要包括上网了解，"双选会"面谈，以及实验室实地考察。

网络确实拉近了人与人之间的距离，让我们足不出户就能方便地获取丰富的信息。中学生要想初步了解感兴趣的实验室，首选是"后备人才计划"的官方网站（http://hbrc.bast.net.cn/），网站中列出了可供选择的实验室，并有实验室和导师的简要介绍，包括主要研究方向。中学生可

▲ "后备人才计划"师生交流会（怀柔区）活动现场

以根据自己的研究学科，对网站中相关实验室逐一浏览，再从中选出 3~4 个实验室作为重点考察对象。随后，中学生可以进入这些重点考察实验室的官网，对他们做进一步的深入了解，包括这些实验室的主要研究方向，以往研究成果、主要仪器设备等。

对于实验室而言，无论是"后备人才计划"官网中的简介，还是自己的网站，都是中学生最初了解实验室的重要窗口。为了能更好地展示实验室风采，吸引优秀的学生进来，有必要定期对网站中的相关内容进行更新和补充。中学生填报完实验室志愿后，实验室也可以从"后备人才计划"官网上看到学生的基本信息，包括所在中学、家庭住址、前期科技活动经历等。这些信息对于实验室选择学生是有用的，例如，通过前期科技活动经历可以初步判断该生是否具有从事相关学科研究的基础和能力；而在条件基本相同的前提下，可以选择学校及家庭住址离实验室较近的学生，这主要是考虑到学生都是放学或节假日来实验室，距离近可以避免舟车劳顿。

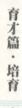

人才20年 北京青少年科技后备人才早期培养计划

▲宋健院士与后备人才基地校北京二中天文社团学生交流

育才篇·培育

注重学生兴趣点

　　"双选会"是"后备人才计划"近年的一个创举，它以学科为单位，把相关实验室和感兴趣的中学生召集在一起进行面对面交流。一方面"双选会"能够让导师更充分地展示实验室及自己的研究领域和方向；另一方面能让学生们更加清晰地了解实验室的特点，为志愿的填报提供依据。实验室人员应尽量在"双选会"上用凝练的语言和精美的图文信息展示出实验室的研究领域、研究方向、取得的成果等。需要注意的是，由于绝大多数学生尚未接触过科学研究，对于专业知识了解甚少，因此在展示的过程和内容上，需注意对青少年兴趣点的把握，要不同于以往的学术汇报，切勿让学生感觉晦涩难懂，应以简洁普通的语言亮出自己实验室的特色之处，让中学生能够听得懂，能够充分理解，才能更好地激发他们的兴趣。

　　除了实验室的研究之外，"双选会"上还应根据自己实验室的实际情况，介绍实验室在中学人才培养中所做的工作，如培养人数、研究的课题、取得的成绩、后备人才目前的情况等。另外，实验室方面还应简要陈述实验室准备为中学生提供的研究课题，但要说明不局限于这些课题。这些信息对于中学生来讲，也是选择进入哪个实验室的重要依据。

对于中学生而言，"双选会"上除了认真聆听实验室导师的讲解之外，还应积极思考，最好能结合实验室的研究方向提出自己想要研究的科学问题。另外还要利用好这个机会，对于自己不懂的问题或想做的研究课题，大胆地与导师讨论交流，充分展示出自己的思想和能力，给导师留下良好印象，提高被实验室选中的概率。

抓住实地考察机会全面了解学生

中学生到实验室实地考察交流应该是最直接的一种双方互动了解的途径。由于每个实验室情况不同，具体操作方式可视实验室而定。一般实验室考察是在双向选择的后期进行，导师可以在"双选会"上或根据"后备人才计划"官网的报名名单通知学生们在某个时间来实验室。能来考察的学生都是前期对实验室有初步了解并且希望进入实验室从事研究的，他们来实验室后可以给他们准备一个更为详细的实验室研究方向和成果的介绍，并带领他们参观实验室，实地体验实验室的工作氛围，实验设备的使用或成果样机的操作，以便他们对实验室有更充分和更深入的了解。

另一方面，实验室导师也要利用这个机会充分了解每一位可能来的学生，因此在下发考察通知时应当要求他们各自准备一个介绍自己及拟开展研究课题的简要介绍，用几分钟的时间展示自己，接受老师及同学们的提问。

除了上述途径外，实验室还可以通过与中学科技教师沟通联络，或者去中学实地考察以及推介等方式，使得实验室与学生双方更充分地了解彼此的需求及特长，从而做出正确的双向选择。

文／北京航空航天大学　刘荣

育才篇·启蒙

导语： 　　良好的开端是成功的一半，选题正是科学探究工作的重要开端。科研导师要在"后备人才计划"的培养过程中，通过发现学生的兴趣点，挖掘身边可用资源等方式，帮助学生确定作为中学生可以完成的、贴近现实生活的选题，这些选题可能是新提出的问题，也可能是老问题寻求新的解决方法或研究手段。

如何进行科研选题？

　　爱因斯坦曾说过："提出一个问题，往往比解决一个问题更重要。"俗话说，好的开始是成功的一半，科研选题是科研创新的前提，后备人才学生在实验室进行课题研究，其中能体现其研究思路和研究价值的方面恰恰是他的选题。因此，良好的选题是迈向成功的重要一步，如何选个好题目也成了他们的苦恼之事。一般来说，科研课题的选择应该遵循以下几个原则：

　　●科学性原则，即题目的产生应以科学理论和事实作为依据，符合科学规范，这是首要条件。

　　●创新性原则，即题目关注点是前人未解决或未完全解决的问题，研究的思路与众不同，或者在前人的工作基础上发展出自己的独特思路。

　　●实用性原则，即科学课题的选择具有一定的可预见的社会效益、经济效益、影响范围、应用价值和推广前景。

找准兴趣 确定课题范围

　　许多高中生在刚进入实验室时比较茫然，不知道该如何尽快融入科学研究或者发现自己感兴趣且具有价值的题目。这时，通过一些有效而具体的途径可以帮他们尽快明确方向。

第一，查阅大量文献是了解实验室研究领域最快的途径，通过相关的 10~15 篇文献（有条件的可以看 2~4 篇英文文献），从而了解实验室现有的研究状况，了然于胸。

第二，提出自己感兴趣的问题，按照从大到小，逐步缩小范围的方式，确定课题研究的内容。顾名思义，就是我们的课题要研究的是什么，同时明确研究的目的和意义，也就是搞清自己在这次研究中想要达到的境地或想要得到的结果。在这个过程中，应注意征求实验室导师和指导老师的意见，最终确定下研究的课题范围。

第三，根据确定的研究范围，继续查阅文献，最终确定选题，尤其是题目宜小不宜大，宜窄不宜宽。

第四，课题的可行性分析，根据自己课题的实际情况提出相关课题研究方法，并确定课题研究的步骤，也就是本课题准备通过哪几步程序来达到研究的目的。

育才篇·培育

▼学生参观实验室

育才篇·培育

培养学生自主选题意识

教师在学生选题时应发挥积极的指导作用，重在打造学生良好的科研思维，突出学生的主动性，着重培养学生自主选题的意识。其中，着重培养学生的四种意识：自主探索意识、理性批判意识、交叉创新意识、问题适合意识。在学生的主动意识体现下，才能体现"后备人才计划"的意义所在。除此之外，还有几点指导技巧。

一是引导学生观察事物，寻找问题，发现矛盾，探讨解决方法。

论文选题主要来源于本学科领域的实际研究工作和理论发展形势。教师指导学生在选题中寻找问题，发现矛盾。例如，从新技术的发展应用中，从前人失败的经验中，从其他实验的不足、缺陷或漏洞中探讨解决问题的途径，选择自己的研究课题。

二是多方面探索和一方面选择相结合的方法。

选题要将横向空间考察和纵向时间考察两方面结合考虑。所谓横向空间考察，是指要树立科学的整体观念，寻找与本学科相交叉的学科领域，通过研究边缘学科、交叉学科，找出学科结合的部分,运用多学科理论和方法研究本学科的问题。所谓纵向时间考察，就是要从认识理论的层次性和不断抽象上升到新的理论和水平的无穷性，以不断开拓和追求新知识的科学态度选择自己的研究课题。

三是想象、联想、直觉选择的方法。

直觉是许多科学研究中重大发现的先导，是经验通向概念或假设的桥梁。重大课题大多都是通过直觉选择出来的代表创造成果的概念或初步假设。爱因斯坦的科学创造原理模式是：经验—直觉—概念或假设—逻辑—理论。

TIPS:

> 拟定的选题必须结合实际，从身边的现象着手，符合事物发展规律。最好是选择自己在学习上、工作中、生活里经常关心的问题，或是时常思考的问题。要选与自己作为中学生的知识、能力结构、业务专长相吻合的题目，并且是自己感兴趣的题目，这样的选题，成功的可能性最大。

学生选题时应注意的问题

● 虚实结合，以实为主

拟定的选题必须结合实际，从身边的现象着手，符合事物发展规律。最好是选择自己在学习上、工作中、生活里经常关心的问题，或是时常思考的问题。要选与自己作为中学生的知识、能力结构、业务专长相吻合的题目，并且是自己感兴趣的题目，这样的选题，成功的可能性最大。

● 难度适中，量力而行

选题不要过大、过难。选题过大，既难以完成，又不好驾驭；选题难度过大，会受到时间、精力和资料的限制，很难研究清楚。若中途换题，时间紧迫，也不可能写好论文。我们培养后备人才还要注重完成课题的实际应用能力和动手能力方面，因此，选题最好是略有难度，难易适中，选择贴近生活、具有时代感的题目。总之，要选自己熟悉、有兴趣，又经常关心、经常研究、有准备的题目。

● 有自己的见解，主题明确

选题时，要掌握已有的和最新的研究成果，要了解该选题的研究现状和发展趋势，也就是前文说的查阅文献的过程。既要避免重复前人的研究，也要借鉴别人的相关研究，找到自己的创新点，要引导学生选择经过深入研究、冷静思考、确有自己见解的题目。

● 考虑自己的时间、研究和调查能力

要选择方便自己查找文献资料、获取各类有效信息的题目，同时考虑能够进行调查研究等的可靠条件。最后，完整的时间永远比零散的时间效率高，充分利用好暑假和周末的时间。

总的来说，选择一个好的科研课题，需要多观察、多思考、勇于提问，另外还需要依靠老师的指导，从而为后面的科学研究打下良好的基础。

文／西城科技馆　张亚

育才篇 · 培育

导语： 科技教师要在"后备人才计划"中帮助刚刚升入高中的新生适应高中生活、协调培养计划，帮助同学们圆满完成"后备人才计划"的培养任务。

科技教师如何为学生解决实际问题？

育才篇·培育

对中学科技教师而言，一直都在逐步培养中学生从事科学技术活动的基本技能，使他们逐步养成科学的思维习惯，掌握科学方法，提高他们运用科学方法分析问题解决问题的能力，培养他们严谨、求实的科学态度和科学行为习惯，逐步培养他们对科学的兴趣和爱好，帮助他们树立科学的观念和精神，初步理解科学的观念和精神，

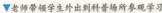

▼老师带领学生外出到科普场所参观学习

初步理解科学技术与社会的关系，为他们今后创造性地从事或参与科学技术活动和社会实践打下基础。

中学生在参加校内外科技教育活动中会遇到科学意识不强、探究技能不足、创新能力差等实际问题，中学科技教师可从以下两方面进行尝试解决：

创设问题情境，充分利用课堂教学培养科学素质的主战场

传统学科课堂教学中，在创设学科问题情境时，往往比较注重知识、方法的渗透及运用，问题背景理想化，缺乏实践性，有些甚至与生活实践相悖，不利于培养学生的科学思维能力和动手实践能力。中学科技教师在新课程理念下实施学科教学中应改变传统问题情境，创设创新的实践型问题情境，使问题背景实践化，使学科教学过程既是巩固知识的过程，又是引导学生应用所学知识分析解决实际问题的过程和类似科学研究的过程。

学科课堂教学中，可以从下面几方面进行问题情境的创设来强化和提升学生的科学意识：创设以自然和生活中的学科知识为背景的问题情境，培养学生解释自然和生活现象的能力；创设以技术应用为背景的问题情境，培养学生进行技术设计和应用的能力；创设以学科科学研究为背景的问题情境，培养学生进行科学研究的能力；创设以多学科综合性为背景的问题情境，培养学生进行综合创新的能力；创设以新信息为背景的问题情境，培养学生处理新信息的能力。

除了学科课堂教学外，科技教师还可以通过开设科学课、选修课等本校课程，在课堂教学中，创设问题情境来培养学生的科学素质。北师大实验中学 2005 年便在高一年级开设了《科技创

TIPS:

>> 中学科技教师通过设计、组织和引领这些探究实践活动（由提出问题、形成假设、制订计划、搜集证据、处理信息、表达交流等基本要素组成），让学生体会到科学的本质，学习和掌握到科学探究的过程与方法，领悟科学探究的思想，培养、强化和提升自身探究技能与创新能力。

育才篇·培育

新方法与技能实践》选修课，为那些在校内外科技教育活动中遇
到实际问题的学生们"授道解惑"，进而培养和提升了他们学生
的科学素质，取得了很好的效果。科技教师还可以邀请校外专家
进校园开展专题科普报告活动和带领学生外出到科普场所进行参
观学习等。

引领探究实践，培养、强化和提升探究技能与创新能力

中学生科学探究技能与创新能力的培养、强化和提升是科技
教师教育教学工作中的重要内容。科学探究是一项集理论性和实
践性于一体的认识活动，既需要通过亲身观察、实验获得丰富的
直观、实践材料，又要通过理论思维、逻辑处理，通过探究实践
获得的结果资料来发现隐含在日常现象背后的基本规律。中学科
技教师通过设计、组织和引领这些探究实践活动（由提出问题、
形成假设、制订计划、搜集证据、处理信息、表达交流等基本要
素组成），能让学生体会到科学的本质，学习和掌握到科学探究
的过程与方法，领悟科学探究的思想，培养、强化和提升自身探
究技能与创新能力。

中学科技教师要深知开展、引领有效的探究实践活动（如让

育才篇·培育

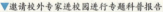
▼邀请校外专家进校园进行专题科普报告

学生亲身实践科学研究的"后备人才计划"等）是弥补课堂教学不足，更好地培养、强化和提升学生探究技能与创新能力的重要途径，需做好以下三方面工作：

一是遴选出"学有余力、科学探究兴趣浓厚"的学生，并予以帮助培训。

按照科学的面试方法从自荐和他荐的学生中遴选出适合探究实践活动的学生，根据不同兴趣推选到对应的高校实验室，并匹配有指导经验的校内科技教师，予以专业学科知识帮助和探究方法技能培训。

二是与高校专家保持密切联系，督促、跟进和指导学生的探究实践全程。

通过面谈、电话、邮件等方式与高校专家保持沟通、联系，掌握学生的科学探究实践现状；通过开题论证、中期汇报和结题答辩等活动了解学生遇到的困难与问题，并予以帮助和指导。

三是倡导善始善终，改进评价方式，提升学生表达交流与创新能力。

通过学习著名科学家事迹、身边学长榜样案例等活动，倡导善始善终，让学生学会坚持、懂得珍惜、不轻言放弃；增加过程性评价，改进评价方式，如实记录探究实践过程，学会反思总结和撰写研究论文，鼓励参赛答辩，应向专家和大众阐述自己的研究课题成果，提升表达交流与创新能力！

文／北师大实验中学　刚永运

育才篇·培育

导语： 开题报告作得越细致，写起论文来就越顺手，就能做到胸有成竹，进而撰写出高水平的论文。如果不重视开题报告，视开题报告为走过场，写论文时就会没有明确的目标、方向、思路，有可能走很多弯路，也很难保证论文质量。如果说论文撰写是"后备人才计划"中重要的一部分，那么开题报告则是重中之重。

如何撰写开题报告？

育才篇·培育

什么是开题报告？

　　开题报告是指准备开始实施科学研究之前，对自己要开展的科研课题进行说明介绍的一种文字说明材料。开题报告是随着现代科学研究活动计划性的增强和科研选题程序化管理的需要应运而生的。通过撰写开题报告，开题者可以把自己对科研课题的认识理解程度和准备工作情况加以整理、概括，围绕要研究的主要内容、拟解决的主要问题（或阐述的主要观点）、研究步骤、方法及措施等加以表述，请导师及有关专家评议所研究的选题有没有价值，研究方法是否奏效，论证逻辑有没有明显缺陷。

如何才能写出合格的开题报告？

　　首先，要选择一个切实可行的研究课题。大体上可分"三步走"：第一步，先根据自己的学习生活实践，选择一个"研究范围"，要有一定的理论意义和实践价值，这需要平时多留心，多浏览媒体报道、学术文献，找出其中的"症结"或"热点"。第二步，研读、总结和分析以往国内外研究者是如何对该"研究范围"中的"症结"或"热点"

进行推进，即获取研究现状，以避免在内容、思路、方法和材料上与别人有重复，力求所选研究课题能"独辟蹊径"，有所创新。第三步，考察所选研究课题的科学性（内容、方法、材料）和可行性（能否自己设计并完成，创新点的科学逻辑，研究方案是否合理等）。

其次，确定研究课题标题。标题要用最恰当、最简明的词语表述研究范围、内容和方法，精选用词，准确得体，一般不超过20个字，可以采用副标题来说明。

合格的开题报告有哪些内容？

开题报告的基本内容包括：研究课题名称（标题）、研究者、指导教师、目的与意义、国内外研究现状及分析、主要研究内容及创新点、研究方案及进度安排、预期成果、为完成课题已具备和所需的条件与经费、预计研究过程中可能遇到的困难和问题，以及解决的措施、主要参考文献。

▼学校邀请校外教授、专家为学生课题保驾护航

育才篇·培育

1. 目的与意义

课题研究的目的与意义，应该简要叙述自己在这次研究中想要达到的境地或想要得到的结果，研究课题所研究问题的基本概念和背景，指出所要研究解决的具体问题，若解决上述问题在学术理论上的推进或作用，以及课题研究的内容对自身学习、实际生活或生产会带来哪些有价值的影响。

2. 国内外研究现状及分析

本部分要阐明所选研究课题的历史背景、研究现状和发展方向。叙述方式可灵活多样，常由研究者根据所掌握的文献资料内容，自行设计创造。一般可分成几个部分，每个部分标上简短而醒目的小标题，部分的区分也多种多样，有的按国内研究动态和国外研究动态，可以按年代、按问题、按不同观点或按发展阶段来区分，然而不论采用何种方式，一般都应包括历史背景、现状评述和发展方向三方面的内容。

历史背景方面：按时间顺序，简述本研究课题的来龙去脉，着重说明本研究课题前人研究过没有？研究成果如何？他们的结论是什么？通过历史对比，说明各阶段的研究水平。

现状评述可分为两层内容：第一，重点论述当前本研究课题国内外的研究现状，着重评述本研究课题目前存在的争论焦点，比较各种观点的异同，亮出研究者的观点；第二，详细介绍有创造性和发展前途的理论和假说，并引出论据（包括所引文章的题名、作者姓名及体现作者观点的资料原文）。

发展方向方面的内容：通过纵（向）横（向）对比，肯定本研究课题目前国内外已达到的研究水平、指出存在的问题、提出可能的发展趋势、指明研究方向、提出可能解决的方法。

本部分要引用相关文献资料的内容，最好用自己的语言进行表述，不要采用照搬式操作（这既彰显研究者能力问题，也是研究者

育才篇·培育

TIPS:

开题报告的基本内容包括：研究课题名称（标题）、研究者、指导教师、目的与意义、国内外研究现状及分析、主要研究内容及创新点、研究方案及进度安排、预期成果、为完成课题已具备和所需的条件与经费、预计研究过程中可能遇到的困难和问题以及解决的措施、主要参考文献。

态度问题），但必须忠于原文，不可断章取义或歪曲别人观点，还要会用上标（[1]）依次标记，且要按照引用顺序附在开题报告后面，这样别的研究者可以去找寻到出处。

3. 主要研究内容及创新点

在对国内外研究现状及分析的基础上，研究者找出想进行研究而别人还没有做过的问题，或者他人已做过，研究者认为做得不够（或有缺陷），进而提出更完善的想法或措施，或换个角度重做研究来验证自己的设想，这就是课题的主要研究内容，涉及研究材料的确定、研究方法的选择、研究结果的分析等方面。

研究者可将研究问题、材料、方法、结果和结论等某一方面作为本课题的创新点。一个课题研究设定一个或以上创新点即可，不宜过多。

4. 研究方案及进度安排

一个详细的研究方案包括研究思路、研究方法（技术路线）和研究步骤等。研究思路一般是指研究方向，即要通过什么、达到什么等。研究方法（技术路线）就是研究者关于解决本课题问题的门路或程序等。一般来说，研究方法包括：实验研究法（研究者使用仪器设备检测、获取实验材料的指标信息或变化结果等，从而发现规律的方法）、实地调查考察法（研究者到所研究的处所实地调查，

育才篇·培育

▼学生宣讲自己的开题报告，征求修改意见

从而得出结论的方法）、问卷调查法（根据本课题情况和研究者要了解的内容设置一些问题，以问卷的形式向相关人员调查的方法）、人物采访法（直接向有关人员采访，以掌握第一手材料的方法）、文献法（通过查阅各类资料、图表等，分析、比较得出结论）等。在课题研究中，可根据课题实际情况选用合适的研究方法，一种或几种均可，只要实用就行，也可画出技术路线图。

研究步骤是指本课题准备通过哪几步程序来达到研究的目的，如何实施研究计划等。若是实验研究，首先是实验准备，包括实验材料和仪器设备，能具体说明的要尽量说明。其次是实验过程，写出实验内容、实验地点、器材，有无对照实验和重复实验等，不同的实验有不同的操作步骤，要根据实际情况去陈述。最后是结果分析和实验评价，是指如何根据实验结果分析得出结论，且对实验设计做一个大概评价。若是调查研究，首先是调查构思，列出调查者、调查对象、调查内容、交通工具、调查工具等，一般都有调查问卷的设计。其次是开展社会实践进行调查，一般是抽样调查。最后是如何总结资料，如何做出分析。实施计划要详细写出每个阶段的时间安排、地点、任务和目标、由谁负责，越具体，越容易操作。

进度安排要根据实施整个课题研究的时间长短和研究者对研究课题的研究步骤的掌握程度而确定，一般要留出足够的时间，通常以周或季度为划分单位。

5. 预期成果

预期成果一般是论文或调查(实验)报告等形式。成果通过文字、图片、实物和多媒体等形式来表现。

6. 为完成课题已具备和所需的条件和经费

一个课题要开展，即研究所需的条件包括人员分工、文献资料、材料仪器、研究者的知识水平和技能及导师的指导能力等。人员分工仅是在多个研究者同时开展同一个课题时需要明确（避免偷懒、推诿或重复劳动，一般以小组形式进行，由各小组落实一个部分，小组长们再进行汇总整理），一个研究者时就不必了。研究进行过程中也要保证文献资料的及时获取，关注相关研究进展，以免重复别人的研究内容。实验材料的准备与有效性、仪器设备的正常工作是开展课题研究的重要条件，是否具备必须予以明确，否则要想办法来满足课题研究需求。研究者要掌握开展课题研究所需的知识和技能（自学或向别人学习），经常向导师汇报（当面或电话、邮件等方式）课题进展状况，接受导师的及时指导。此外还应提出该课题截至开题时已做了哪些工作，进展如何等。

课题研究需要一些经费来保证，故需列出各项费用支出，如搜集文献资料费用，实验材料的采集与处理费，仪器设备的检测与分析费，实地调查的外出经费，调查问卷的印刷和分发费用，结题报告等资料的印刷费等，估算一下本课题所需要的资金是多少。若没有足够的资金作后盾，课题研究势必举步维艰，捉襟见肘，甚至会半途而废。因此，课题经费也必须在开题之初就估算好，未雨绸缪才能真正把课题研究做到最好。

7. 可能遇到的困难和问题及解决措施

研究者要充分考虑并列出在课题研究实施过程中可能会存在哪些困难和问题，以及相应的解决措施，在哪些方面需要得到相关专家和学校导师帮助等。

8. 主要参考文献

撰写开题报告之前，搜集的文献资料尽可能齐全，切忌随便收集一些文献资料就动手撰写，最好有最新发表的国内外文献资料（6篇以上，外文1篇以上）。在开题报告最后，研究者要把在国内外研究现状部分涉及的文献资料用规范的格式按序列出，且所列文献资料须是研究者阅读过的，不允许将未阅读的文献列入，一般不将教科书、专著列入参考文献。

总之，希望你选择科技创新实验室过程中，在做出决定前，要了解你未来高校导师的学术风格、性格特点、对学术的态度、对学生的要求、是否容易相处、是否有责任心等。相信走好了第一步，后面的路会给你增加许多快乐，你就会充分享受到学术的乐趣。

文／北师大实验中学　刚永运

育才篇·培育

人才2０年 北京青少年科技
后备人才早期培养计划

导语: 在"后备人才计划"培养过程中,科研导师、科技教师、学生三者之间是密不可分的。科研导师与科技教师的有效沟通将会大大提高学生培养的效率和效果,是"后备人才计划"工作顺利开展的重要一环。

科技教师与导师如何保证良好沟通?

育才篇·培育

在中学生(青少年)科研实践活动项目中,中学科技教师与科研院所、高校的实验室导师是两个重要角色,有着不可替代的作用;二者保持良好的关系,是学生在活动中取得成果、收获成长的重要保证;是"后备人才计划"实现培养科技后备人才目标的基础!

科技教师与科研导师应该统一思想,确定好各自的角色,分清楚各自的任务与责任,各司其职、相互配合、形成合力,才能更好地为学生成长服务,培养出科研的"苗子"!

达成人才培养共识

科技教师要想与科研导师保持良好的沟通,首先要在人才培养观和对项目的认识上与导师达成一致,认同科学实践是青少年成长成才的重要途径。

从科技教师角度来说,需要科技教师有大局观,要从基础教育、高等教育整体的角度,在更大的范围、更高的层面、更长的时间维度上来看待青少年科技创新人才培养工作。一方面,要了解世界教育发展趋势和国家教育改革趋势,明确国家对科技人才的需求,密切关注高校自主招生政策,思考基础教育实现青少年科技创新人才培养的途径与模式,使自己站得高、看得远。另一方面,理解后备人才项目是顺应国家发展、社会需求的项目，它通过选拔学有余力、对科学研究活动有浓厚兴趣的学生，为他们提供国家级或北京市级重点实验室的学习平台，利用假期和周末，在专家指导下，开展科研实践活动，体验科研过程。在这个过程中，让学生接受科学思想和科学精神的熏陶，掌握初步的科学实验方法，培养务实求真的科学态度，提高自身的科学素养及创新思维和科学实践的能力，"在科学家身边成长"。

架起沟通的桥梁

在这样的思想指导下，科技教师还要站在科研导师的角度思考如何对中学生进行培养，换位思考才会有更多的理解、更细致的关心、更多的尊重。科技教师可以在后备人才项目新一批学生开展活动之初主动拜访科研导师，把自己的认识与科研导师面对面地充分交流，尤其是对后备人才项目的理念和要求，以及从中学开始培养科技后备人才的必要性与科研导师充分交换意见，达成共识。之后，还要与科研导师保持一定频率的接触，科技教师可以邀请科研导师参加学校的活动，如参观中学的科研，了解学生的学习环境和条件，参加学生的开题报告会等，在活动中增进相互了解、增强彼此之间的信任。

在后备人才项目中，科技教师是连接科研导师与学生的纽带，是科研导师与学生沟通的桥梁，是项目的具体实施者之一。科技教师对基础教育更了解，对学生的情况更熟悉。科研导师平时培养的对象主要是本科生、研究生，对中学生的情况不太熟悉。因此，在讨论学生培养计划的过程中，科技教师可以更多地介绍中学生的成长规律和中学生的实际情况，可以根据科研导师和学生的

TIPS:

科技教师对基础教育更了解，对学生的情况更熟悉，对于从事科技教育工作多年的科技教师来讲，在培养中学生、培养科技创新后备人才方面积累了一定的实践经验。科研导师平时培养的对象主要是本科生、研究生，对中学生的情况不太熟悉。因此，在讨论学生培养计划的过程中，科技教师可以更多地介绍中学生的成长规律和中学生的实际情况，可以根据科研导师和学生的情况给出具体的建议，帮助科研导师制定出更适合中学生实际的培养规划。

育才篇·培育

▲ "后备人才计划"第 14 期学员吕琳在首医大实验室做实验

情况给出具体的建议，帮助科研导师制定出更适合中学生实际的培养规划。

科技教师要教育、引导学生尊重科研导师，体会科研导师的辛苦，要帮助、指导学生与科研导师沟通，比如如何写信，如何与科研导师讨论问题等。对科研导师回复的邮件内容，要指导学生学习，帮助分析、讲解学生没有学到的知识。在了解了科研导师对学生的培养规划后，要配合科研导师给学生做好基础知识的辅导，进行通识性的培养，例如如何选题、参考文献的查找方法与阅读方法、开题的基本要求、制作演示文稿的注意事项、论文撰写的基本格式等。这些工作都是为与科研导师保持良好沟通必不可少的!

保证沟通渠道的畅通

科技教师要与科研导师保持良好的沟通，要保证沟通渠道的畅通，使信息的传递及时、准确、有效。科技教师可以请科研导师把给学生的要求、布置的任务、活动的通知等，同时发给自己，便于科技教师对学生进行督促，保证对学生活动进度的了解。科技教师也要及时反馈学生反映的问题、存在的疑惑，便于科研导师调整培养方案。

246

　　总之，在青少年中培养科技创新人才的工作，是一个复杂的系统工程。要想培养青少年对科学的兴趣，使其具有科学态度、科学精神和创新人格，发展创新思维，增强创新能力，需要我们科技教师与科研导师更新观念，通力合作，不断探索青少年科技后备人才成长的规律，探索创新人才培养途径和模式，使更多的科技苗子健康成长，为创新型国家的建设提供源源不断的优秀科技人才！

延伸阅读：

　　中学科技教师应加强与导师的沟通，及时发现问题、解决问题。应建立起协调机制，让科技教师可以在开题、中期和结项阶段参与学生的工作，平时亦可进入实验室，与学生及其导师交流，掌握学生实践动态，更好地指导和督促学生进行课题研究。导师亦需在此方面有意识地与中学科技教师多加交流，主动让与实验课题有关的学科教师参与其中，以形成更好的双向互动。

　　同时，导师与学生之间交流的机会也应增加；给予参与不同课题的学生以交流的机会；给予学生明确的任务、计划或纲要；提供学生全面、详细的资料；注意课题研究与相关单位的联系和合作；增加后期活动，提供与导师取得联系的方式，并确保有效性；一定要加强与学生之间的交流互动，而不仅仅只在最后报告会上进行交流。这样可以监督并提高学生们参加此次活动的积极性，并且提高培训的实效性。另外，可以建立一个讨论组，将参加此项活动的学校、专家、学生、项目情况及进展情况公布出来，能让学生与导师之间、学生与学生之间进行交流。

　　实际上，北京市科协已发现相关问题，并在此方面采取了一些尝试性的改进措施。例如，北京市科协青少部尝试设立学科委员会，并为第15期"后备人才计划"举办了导师和学生的"双选会"。该活动使学生、家长、科技教师、导师齐聚一堂，是值得推广的沟通形式。

文／丰台 12 中　刘波

育才篇·培育

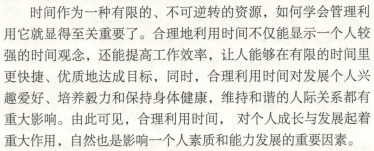

育才篇 · 培育

导语： 对在高中阶段进行科学探究工作的高一学生而言，需要在了解了科学探究的基本步骤和时间管理的常用方法基础上，才能学会合理利用时间完成科学探究工作。

如何学会合理利用时间进行科学探究工作？

时间作为一种有限的、不可逆转的资源，如何学会管理利用它就显得至关重要了。合理地利用时间不仅能显示一个人较强的时间观念，还能提高工作效率，让人能够在有限的时间里更快捷、优质地达成目标，同时，合理利用时间对发展个人兴趣爱好、培养毅力和保持身体健康，维持和谐的人际关系都有重大影响。由此可见，合理利用时间，对个人成长与发展起着重大作用，自然也是影响一个人素质和能力发展的重要因素。

对于拟在高中阶段进行科学探究工作的高一学生而言，如何学会合理利用时间是一件非常重要的事情，需要在了解科学探究的基本步骤和时间管理的常用方法基础上，才能学会合理利用时间进行和完成科学探究工作。

科学探究的基本步骤

科学探究是指人们在研究各类科学特别是自然科学问题时所采取的方法，一般情况下，它包括以下六个步骤：

提出问题
从日常生活或课内学习中发现有价值的问题，并能清楚地表述所发现的问题。

猜想与假设

对问题可能的答案做出猜想与假设。根据已有的理论或经验对问题的模型提出初步的设想。

制订计划

通过独立思考或在老师指导下提出验证猜想或假设的活动方案，征求意见，做好相关准备。

进行研究，搜集证据

独立或与他人合作，按照制定的计划正确地进行实验，注意观察和思考相结合，对观察和测量的结果进行记录，用调查、查阅资料等方式搜集证据，或用图表的形式将收集到的证据表述出来。

解释和结论

对事实或证据进行归纳、比较、分类、概括、加工和整理，判断事实、证据是肯定了假设还是否定了假设,并得出正确的结论。

育才篇·培育

▼学生利用暑假时间进行野外科学考察

表达与交流

采用口头或书面的形式将探究过程、结果与他人交流和讨论，既要敢于发表自己的观点，又要善于倾听别人的意见和建议。

时间管理的常用方法

时间是最公平、公正的，每一分每一秒都不偏不倚地推进着，对于每一个人都不吝啬也不额外照顾。但有的人可以充分利用好时间，一分钟可以做别人两分钟，甚至五分钟才可以完成的事情，这就需要高效的时间管理。

时间管理就是利用技巧、技术和工具帮助我们完成工作，实现目标。时间管理并不是要把所有事情都做完，而是更有效地运用时间。有很多学生不知道怎样进行时间管理，也不清楚

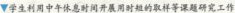
▼学生利用中午休息时间开展用时短的取样等课题研究工作

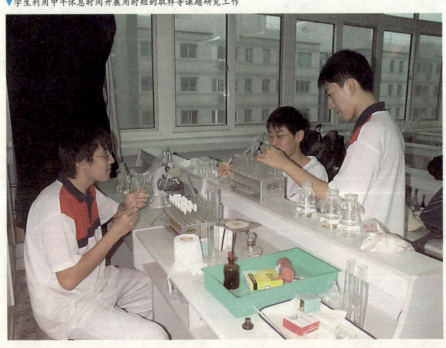

合理安排时间的重要性，应让学生们充分认识到合理安排时间的重要性，还要熟悉掌握下面三种常用的时间管理方法，这样不仅能提升学生们的学习效率，还能让其拥有达成目标的自信。

制定适合自己的高中学习目标，并集中精力完成

学生深思熟虑或征求意见后，为三年高中生活制定一个适合自己的学习目标，并集中精力完成。

从实际出发，制定针对目标的行之有效的计划

有了计划，不仅有利于促进学习目标的实现，也有利于在实施计划的过程中磨炼自己的意志，养成良好的学习习惯。在制订计划时，学生要有明确的目的，不能脱离自身的实际情况，能做到什么程度就定到什么程度，任务不能太多、要求不可太高，应做到量力而行，坚决保证常规学习时间，充分利用自由时间，规定好自己在某段时间内要做哪些事情，对时间精心管理，留有一定余地。制定一个详细合理、行之有效的计划表，能提高学习效率，所取得的成果也会更好。

分割任务，合理运用月历、时间表等工具，运筹安排好时间

将要达到的学习目标分割成几个有限定时限的任务，安排在一张月历上，在每一月上按周时间表、日时间表落实各时段做什么，按重要性先后排序，守时高效，消除困倦期，集中精力，充分利用空闲时段，保障各任务的如期完成。

高中科学探究工作的合理利用时间建议

根据多年负责高中生科学探究工作的经验，特建议如下：

育才篇·培育

TIPS:

有了计划，不仅有利于促进学习目标的实现，也有利于在实施计划的过程中磨炼自己的意志，养成良好的学习习惯。在制订计划时，学生要有明确的目的，不能脱离自身的实际情况，能做到什么程度就定到什么程度，任务不能太多、要求不可太高，应做到量力而行，坚决保证常规学习时间，充分利用自由时间，规定好自己在某段时间内要做哪些事情，对时间精心管理，留有一定余地。

育才篇·培育

高一9月入学至第一学期结束：

本时间段，学生找到感兴趣的学科领域，尝试提出值得研究的问题，经过校内科技教师和校外高校教授（通过北京市科协"后备人才计划"等的帮助）的指导与引领，初步确立要研究的课题，提出自己的猜想与假设。

高一寒假至第二学期结束：

利用寒假时间和课余及双休日时间，学生查找国内外文献资料，在高校教授帮助下，掌握相关的研究方法和技能，制订研究计划并加以阐述论证，即开题论证，根据评审专家的修改意见完善研究计划。

高一暑假：

利用暑假，学生集中时间去高校实验室进行所选课题研究，按照通过的研究计划实施实验或调查研究，获取相关数据或证据，并将所得数据或证据直观地表达出来。

高二9月开学至10月下旬：

利用课余及双休日时间，学生对所获得的数据或证据进行解释，判断事实、数据是肯定了假设还是否定了假设，并得出正确的结论，按照格式完成研究论文或报告的撰写。

高二11月至高二暑假（或高三11月份）：

学生将自己的科学探究工作以研究论文或报告的形式上交区、北京市和全国（逐级申报，评审成绩突出者才有机会进入更高一级的科技竞赛）科技竞赛，向评委教授和社会大众介绍自己的科学探究工作，展现自己的创新意识和实践能力。

当然，这样的合理利用时间进行科学探究工作的建议会因学生和高校实验室的不同有所差异，有的同学不能顺利完成自己的科学探究工作或不能进入更高级别科技竞赛，则需要进一步加强学生专业知识和科学探究能力、校内外科技教师的指导能力与技巧。

文／北师大实验中学 刚永运

安全对于每一个青少年来讲至关重要，在进入实验室前，每一个导师都有责任根据本实验室的特点，对学生进行必要的安全教育。

实验重要？安全更重要！

▲导师进行喷淋器的使用培训

后备人才学生进入大学和科研院所的实验室进行学习和科学研究，是一件非常荣幸的事情，但在这个过程中，应该把安全问题放在首位。例如，化学实验室中的危险试剂、药品，生物实验室中的病原菌，甚至爆炸实验室中的爆炸品等，一旦操作不慎，不仅会给自己造成身体上的损害，还可能导致国家财产的损失。因此，在实验室中我们更加要提高警惕，学生在进

育才篇·培育

育才篇·培育

▲导师进行仪器安全使用培训及教育

入实验室前应签署《实验室安全责任书》，导师、中学教师及家长（监护人）做好相关的指导和监护工作。

实验前准备

1. 进入实验室前应认真进行预习或听老师进行讲解，明确实验目的，了解实验的基本原理、方法、步骤以及有关的基本操作和注意事项。

2. 检查实验仪器是否完整无损，装置是否正确；了解实验室安全用具放置的位置，熟悉各种安全用具（灭火器、沙桶等）的使用方法。如发现仪器的问题，及时向老师或研究生请教。

3. 化学实验室对于学生实验操作的要求比较高，同时也应配置防护用具和急救药品，如防护眼镜、橡胶手套、防毒口罩等；

常用的还有红药水、紫药水、碘酒、创可贴、稀小苏打溶液、硼酸溶液、消毒纱布、药棉、医用镊子、剪刀等。

实验中注意事项

1.实验时尽量穿着实验服，听从老师或研究生的指导，严格按照操作规程正确操作，仔细观察、积极思考，并随时将实验现象和数据记录在工作日志本上。

2.使用精密仪器时，必须严格按照操作规程进行操作，避免损坏仪器，如发现仪器有故障，应及时报告，及时排除故障。

3.实验时要及时清理，保持桌面和实验室清洁。实验室要保持整齐、清洁，仪器、试剂、工具存放有序，实验台面干净，使用的仪器摆放合理。混乱、无序往往是引发事故的重要原因。

4.实验中严格遵守水、电、煤气等易爆、易燃品，以及有毒药品的安全规则，如：浓酸、浓碱等具有强腐蚀性的药品，切勿溅在皮肤或衣服上，尤其不能溅入眼睛中；极易挥发和易燃的有机溶剂（乙醚、乙醛、丙酮、苯等），使用时必须远离明火，用后立即塞紧瓶塞，放在阴凉处；加热操作时，要严格遵从操作规程。制备或实验有毒、刺激性、恶臭的气体时，必须在通风橱内进行；实验室任何药品不得进入口中或接触伤口，有毒药品更应注意；还应注意用电安全，不得用湿手按触电源插座等；注意节约水、电和试剂。

实验后处理

1.实验完毕后将桌面、仪器和药品架整理干净，如果最后离开实验

TIPS:

>> 浓酸、浓碱等具有强腐蚀性的药品，切勿溅在皮肤或衣服上，尤其不能溅入眼睛中；极易挥发和易燃的有机溶剂（乙醚、乙醛、丙酮、苯等），使用时必须远离明火，用后立即塞紧瓶塞，放在阴凉处；加热操作时，要严格遵从操作规程。制备或实验有毒、刺激性、恶臭的气体时，必须在通风橱内进行。

育才篇·培育

室，还需要关好水电开关及门窗等，实验室一切物品不得带出实验室。

2.实验结束时脱下实验服，洗干净双手后方可离开实验室。

3.如发生小的意外事故，可进行适当处理，如：

☆ 割伤，先取出伤口内的异物，然后在伤口处消炎后用纱布包扎。

☆ 烫伤，可先用稀 $KMnO_4$ 冲洗灼伤处，再在伤口处抹上烫伤膏或万花油，切勿用水冲洗。

☆ 酸灼伤，先用大量水冲洗，然后用饱和 $NaHCO_3$ 溶液或稀 $NH_3 \cdot H_2O$ 清洗，最后再用水洗。

☆ 碱灼伤，先用大量水冲，再用 $0.3mol \cdot L^{-1}HAc$ 溶液冲洗，最后再用水洗，如果碱溅入眼中，先用硼酸溶液洗，再用水洗。

☆ 吸入刺激性、有毒气体，若不慎吸入 Cl_2、HCl，可吸入少量酒精、乙醚的混合蒸气使之解毒。吸入 H_2S 气体而感到不适时，立即到户外呼吸新鲜空气。

除实验室中的各类腐蚀性药品外，微生物实验室中的病原菌也应引起学生的注意。例如，北京八中的王佳妮和彭天杨同学在中国科学院微生物研究所进行 H9N2 禽流感病毒的相关研究，研究过程中需要进行繁殖、提取病毒，虽然 H9N2 病毒为低致病性，但仍需严密性控制，全程穿着白大褂，戴口罩、手套，在通风橱中完成相关实验操作，及时消毒等，使学生的身体健康得到最大保障。

最后，在保证各种实验安全操作的同时，自身提高警惕是最重要的。因此，许多实验室在学生进入之前首先需要签署相关的安全责任书。戴手套操作、及时洗手都是很好地保护自己的举措，切记得注意安全、安全、再安全！

文／西城科技馆　张亚

附：　　　　　　　**实验室安全责任书**

　　为保证北京青少年科技后备人才早期培养计划的顺利开展，提高学生的安全意识和责任感，所有进入实验室参加实验的学生在第一次开展实验前，必须参加导师组织的实验基础安全培训，并签署此责任书。

　　本协议书一式两份，由导师和学生共同签署，双方各持一份。

　　1.我已参加相关实验安全基础培训，并认真阅读了所在实验室的安全条例等相关规定，同意遵守所有规定。

　　2.我已了解实验室所有安全注意事项，尤其是实验仪器的使用及水、电、煤气等易爆、易燃品，以及有毒药品等的安全规则。

　　3.我保证在实验室进行实验操作的各个环节中听从导师安排，负责、高效、安全地完成各项实验任务。

　　4.我保证及时向指导教师汇报实验过程中出现的任何危险情况或伤害事故。

　　5.我保证不乱动实验室器材并妥善保管分配给我使用的仪器，如有损坏我将及时报告并按规定赔偿，不将实验室物品带出实验室。

　　6.我保证在实验完成后，检查门窗、水源、电源、火源等情况，确保安全后再离开。

　　7.我保证严格遵守实验室各项安全管理制度，按照相关操作规范，主动防范风险，保护自身安全和他人生命、财产安全。

学生：＿＿＿＿＿＿　家长（监护人）：＿＿＿＿＿＿

学校（盖章）：＿＿＿＿＿＿

实验室名称：＿＿＿＿＿＿＿＿＿＿

导师：＿＿＿＿＿＿

日期：＿＿＿＿＿＿

育才篇·培育

导语： 进入"后备人才计划"后，学生会碰到各种各样的问题，如不及时解决，就会带给学生带来更多困惑。为此，如何引领学生面对挫折、克服困难，重获自信，这就需要教师密切关注学生的情绪变化、跟进学生的课题研究，遇到困难时要及时与学生进行沟通交流，帮助学生从主客观方面分析产生困难的原因，并给予帮助和鼓励，做出正确的选择。

育才篇·培育

遇到挫折怎么办？

中学阶段的学生心理普遍还不成熟、比较敏感，做事情缺乏明确的目标、不能坚持，再加上知识基础比较薄弱，没有经过系统的科研训练，虽然能进入"后备人才计划"的学生学习基础相对较好，但是他们在科学研究的过程中，还是会经常遇到各种各样的困难和问题：与导师联系不顺畅、处理不好实验室人际关系、没有时间做课题、实验失败后想放弃等，都是学生们常遇到的问题。对他们来讲，这些事情就是大大小小的挫折。挫折不可怕，关键是要如何引领学生面对挫折、克服困难、重获自信。

处理好实验过程中的人际关系

确定了"后备人才计划"的高校实验室后，学生们的实验室实践就开始了。中学生进入到学术氛围浓郁的高校实验室开始学习，与导师和实验室的师兄、师姐打交道就是他们面临的首要问题。曾经有个学生，在"后备人才计划"进行了很长一段时间后，却没有去过实验室，后来了解到，他曾经跟导师发过一条短信，询问怎么开始实验的事情，导师没有回复，他就觉得导师不重视他，生气不去了。为避免这种情况的发生，一般在学生准备进入高校

实验室前，校内辅导老师需要集中培训
学生，指导学生如何与导师进行顺畅的
沟通。中学生去高校学习，需要以谦虚
的态度，主动联系导师。高校导师一般
都有很重的科研任务，平时工作繁忙，
建议学生要注意跟导师联系的方式。一
般优先用邮件或者短信进行联系，没有
回复再打电话，电话时间不要过长。即
使导师没有及时接电话或者回复信息，
也不要介意，后面再联系就是了。老师
应指导学生学会换位思考，真正从别人
的角度去看问题。学生与导师顺畅高效
的联络是后面课题研究顺利进行的基础。

▼张云帆在实验中

　　处理不好实验室关系是学生遇到的
另一个问题。曾经有个学生在做课题时，
我行我素，不管别人，也不听师兄、师
姐的建议，当实验遇到问题时，谁都不
愿帮他。要让学生意识到实验室是一个
公共场所，很多人都在那里做实验，仪
器的使用和实验时间的安排需要大家共同
协调，实在安排不开时要学会妥协，也提醒
学生做事情时不要太自我和任性，要学会合作与沟通。

TIPS:

在生活中遇到困难是常有的事，更不用说在攀登科学高峰的科研过程中了。作为学生，要认识到挫折是成长过程中必须要经历的，它可以提醒自己冷静思考，总结经验和教训，并积极面对，想办法去克服困难。而不是怨天尤人，一蹶不振。

育才篇·培育

做好计划迎接挑战

　　许多中学生在申报"后备人才计划"时，热情高涨，但随着
时间的推移，热情逐渐降温，加上课业的繁重压力，往往会出现
不能继续下去的情况，理由通常是：没有时间。他们在学校时需
要上课，周末还有很多其他课程，比如大学先修、自招课等，课
余时间确实比较少。为解决这个问题，校内指导老师在学生开始
正式的课题研究前，提醒他们提前做好研究计划，比如，利用平

时的课余时间查阅文献资料、设计实验，双休日和节假日可以找时间去实验室熟悉实验技术和流程，利用寒暑假两个整块的时间认真开展实验等。

只要计划好时间，实验课题还是可以有结果的。对于因时间紧张而出现畏难情绪的学生，老师要及时提供帮助，帮学生规划好实验时间，处理好学业和课题研究的关系，并鼓励学生坚持下去，善始善终。

客观面对实验成绩

学生在进行课题的过程中，最常见的就是没有实验结果，这对学生来说是一个不小的打击。辛辛苦苦研究了几个月，却什么结果也没有，使学生容易出现放弃的想法。老师要及时关注并分析学生情况，有科研潜能的学生能坚持下去，就跟学生一起分析实验结果不好的原因，讨论从哪些方面去改进。

育才篇·培育

▼张云帆发表
论文的海报

张云帆，十一学校国际部2014届毕业生，她的科技论文"茄子花芽分化过程的细胞学观察"获得北京市科技创新大赛三等奖，论文发表在农学优秀期刊《种子世界》。她曾获校卓越学生、飞跃奖学金等，成为加州大学伯克利分校2014届新生。

　　我之前的一个学生——张云帆，她在做石蜡切片时，一下子把所有的珍贵材料都包埋了，事后发现包埋方法有问题，她曾一度非常沮丧，甚至不想继续进行实验了。我从自己做过石蜡切片的经验帮她分析。如果有可能，我们再寻找一些材料重新包埋；如果没有可能，那就从这些切片中尽量找出一些好的使用。后来课题完成了，她获得了北京市青少年科技创新大赛三等奖，其论文也在 2013 年的《种子世界》期刊上发表。

　　实验不顺利是科研过程中常有的事儿，学生面对挫折的能力还不强，借此机会要让他们意识到科学研究的过程并不是一帆风顺的，无论出现什么样的不利情况，都要接受现实、勇敢面对、直面问题，进而想办法去解决问题。对于没有结果的实验，有的学生会抱怨实验室的条件有限、师兄师姐不太帮忙等，这时候要告诉学生停止抱怨，先从自身方面寻找问题，找出可以改变现状的方法，然后去实施。

　　另一种情况是，经过一段时间的实验室工作，学生自身对所做的课题研究工作逐渐失去兴趣，发现自己最初的选择是不对的，无心再继续下去。这时候要跟学生和家长好好交流，让学生认清自己的需求，学会选择。这段经历，常人看来或许是失败的，但是对学生来说，让他清楚自己到底适合干什么，做任何事情绝不是跟风，而是自己真正的兴趣所在，也是很好的事情。

　　在生活中遇到困难是常有的事，更不用说在攀登科学高峰的科研过程中了。作为学生，要认识到挫折是成长过程中必须要经历的，它可以提醒自己冷静思考，总结经验和教训，并积极面对，想办法去克服困难，而不是怨天尤人，一蹶不振。作为老师，要密切关注学生的情绪变化，跟进学生的课题研究，出现困难时要及时与学生进行沟通交流，帮助学生从主客观方面分析产生困难的原因，并给予帮助和鼓励，帮助学生适时调整目标，重新审视自己的内心需求，做出正确的选择。在对抗挫折的过程中，学生的心智也会逐渐成熟起来。不忘初心，方得始终，希望历经多次挫折后，学生们依然能为自己的梦想而努力坚持！

文／北京市十一学校　窦向梅

育才篇・培育

导语： 撰写科技论文是科技人员科学研究能力的综合体现。然而，"后备人才计划"主要针对高中学生，他们尚未接触过科技论文，对科技论文的独特性尚不了解，对科技论文写作的方法与技巧也不清楚。因此，在后备人才培养过程中，导师要把科技论文写作当做一个重要的指导内容。

如何写好一篇科技论文？

科研论文是对创新性研究成果进行理论分析和科学总结的一种文体，它是主要的科研成果交流传播形式之一，也是评价科研成果的重要指标之一。因此，撰写科研论文是从事科学研究人员的基本素质和能力。

写好科研论文一定要做到知己知彼

如何写好一篇科研论文？要回答这个问题，首先我们需要了解科研论文的特点。科研论文有别于普通写作和其他论文，概括起来有四个特点：

一是学术性。科研论文是对某一学科领域某个研究问题的分析和总结，侧重于对研究问题的抽象概括和论证，揭示其内在本质和规律。因此在进行论文写作时，切忌写成对一个科技作品结构和功能的直观描述，或者对一个研究过程的平铺直叙。

二是创新性。科研论文所报道的必须是作者首次发明、发现或提出的实验结果、实验规律或研究思路，这样的科研论文才有存在的价值和意义。如果在论文中确有必要引用已有的研究成果，则必须明确指出其出处。

　　三是科学性。科研论文是基于充分而又翔实的科学研究与数据撰写的，所涉及的内容必然是经过反复实验论证和科学理论证实的结果，并且应代表当代科技的先进水平。与文学和艺术作品不同，科研论文不能使用虚拟数据和假设实验现象。

　　四是规范性。科研论文不仅有规范的格式，在图表、公式、符号及参考文献等方面也有严格要求。另外，科研论文要用语准确、严谨，不需运用华丽辞藻加以修饰，忌用"大概、可能"之类的模糊词语表述。

　　在把握科研论文特点的基础上，学生应了解一下科研论文的主要组成部分及撰写要求。虽然科研论文是对科研过程及成果的最后总结，但其写作过程应该贯穿于整个科学研究之中。在科研立项之初就要进行文献的检索、阅读和总结；在研究过程中也要对实验数据及时进行分析总结，验证当初的理论设想，这样既有助于科学研究的顺利进行，同时也可保证科研论文的正确和快速撰写。

育才篇·成果

▲科研助教指导"后备人才计划"学员修改论文

育才篇·成果

TIPS:

虽然科研论文是对科研过程及成果的最后总结，但其写作过程应该贯穿于整个科学研究之中。在科研立项之初就要进行文献的检索、阅读和总结；在研究过程中也要对实验数据及时进行分析总结，验证当初的理论设想，这样既有助于科学研究的顺利进行，同时也可保证科研论文的正确和快速撰写。

按部就班把握要点

科研论文一般由题目、摘要、关键词、前言、正文、结论、致谢及参考文献等部分按顺序组成。

题目，是科研论文之魂，需点出论文主要工作、创新之处，文字简洁、新颖。

摘要，是对论文研究内容的简介，旨在简洁地告诉读者论文的科学意义及重要创新点。

关键词，是论文中比较重要的概念词语，一般 3~5 个左右。

前言，是论文的开场白，是向读者说明论文研究工作的来龙去脉，对正文起到提纲挈领和引导阅读兴趣的作用。写作前言时通常要先对论文研究背景及意义进行简要介绍，然后对大量与本研究相关的文献进行分析和总结，要明确已有文献研究中存在的不足，从而引出自己的创新性学术思想及其研究思路。前

▶学生讲解研究内容

言中有时还需要简述论文的研究手段及主要内容。

正文，主要包括研究设计和结果与讨论，是论文的核心和主体，是运用理论研究与实践操作相结合的方法，对前言中所提出的研究问题进行深入分析论证。

研究设计是要说明使用了什么方法和步骤来解决提出的研究问题，是对研究中所涉及的主要问题、假设、理论推导，以及实验用材料、仪器、方法及步骤的客观描述。

结果与讨论是基于研究中产生的现象及数据等结果，对其进行深度剖析，进而就某个科学问题提出原创性观点。此部分需对实验数据进行系统处理，并总结规律，做到透过现象看本质，不仅仅是实验数据的简单堆积。此部分与实验材料及步骤部分需在实验进行之初就开始规划，这样既可提高论文写作速度，又可指导实验顺利进行。

结论，是对整个论文研究内容和结果的高度总结，阐明研究结果的理论意义和实用价值，并基于此展望下一步工作。摘要与结论这两部分的内容，既有相似之处，又有不同侧重。

致谢，是对论文整个形成过程中给予资金资助或实质上帮助的单位和个人表示感谢。

参考文献，是科研论文最后一部分。论文撰写过程中，凡是引用他人的观点、数据和材料等，都要在文中出现的地方标明，并在参考文献中真实地列出。

优秀科研论文写作能力不是一朝一夕就能完成的，在了解科研论文的特点及主要组成基础之上，大家在平时科研工作中就要注重对科研论文的写作训练。例如，在阅读完某篇文献资料后，就要对文献的主要内容、分析手段、创新点及不足之处进行总结；完成某个实验后，要及时提交包括实验材料与试剂、实验步骤、实验现象及实验结论的实验报告。优秀的科研论文是基于科研项目的创新性而撰写的，重点应该关注研究思路与方案的科学性与创造性，而不是寄托于优异的文字功底与精妙的文章布局。

文／北京航空航天大学　刘荣

育才篇・成果

导语： 展板，是用于发布、展示信息时使用的板状介质，通过视觉元素来传播作者的理念、设想和计划，用色彩、图形、文字、照片等信息传达给受众，结合独特创意构成和编排形成的平面设计作品，是吸引受众、传播思想、推介产品的重要载体。

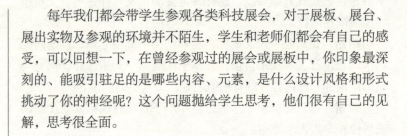

如何更精彩地制作展板来展示项目？

育才篇·成果

每年我们都会带学生参观各类科技展会，对于展板、展台、展出实物及参观的环境并不陌生，学生和老师们都会有自己的感受，可以回想一下，在曾经参观过的展会或展板中，你印象最深刻的、能吸引驻足的是哪些内容、元素，是什么设计风格和形式挑动了你的神经呢？这个问题抛给学生思考，他们很有自己的见解，思考很全面。

精选重点信息

美观，是展板设计的一门学问，美是看不见的竞争力。想象一下两个内容一样的展板，一个字密密麻麻排版乱七八糟，另一个图文配比适中。绝大多数人肯定愿意为后者加分，至少不减分吧，至于第一个很可能就降低了别人愿意看下去的可能性。内容则直接决定着读者能够获取多少信息，重要程度不言而喻。

那么如何做到美观呢？我的第一个想法就是适当减少信息量，不必把研究过程的全部内容都堆在展板上，这样后期排版设计的难度也较大。相比之下，应该选择一些选题、过程、结果、创新点等重要的部分放在展板上，这样读者看起来也更有重点，如果你担心这样无法使读者完全理解，别忘了展板只是辅助工具，最重要的是你这个讲者站在旁边，读者哪里有疑问你都可以及时解答。

颜色搭配合理

颜色的使用是设计好展板最关键的一步，用了什么样的颜色直接决定了整体的视觉效果，如果说内容是读者离近了才看得见，那么颜色应该是"决胜千里之外"。当然我这里不是说做得越艳越好，恰恰相反，展板的底色应该避开红色、紫色这类强烈的颜色，推荐灰色、白色、蓝色这样的素色，毕竟内容才是重点，底色不能喧宾夺主。如果有必要还可以进一步降低颜色的纯度，使画面看起来更干净。还有一条就是一定要善用色块，尤其是在背景上写字的时候，用一个半透明的色块能够突出重点，同时可以起到平衡画面的作用，比如左边有一张图，右边设计一个色块上面再写字就能避免展板的"头重脚轻"。

另外，选好字体也很重要，我之所以要提是因为大多数人都会忽略这一点，我的建议是一定要多花工夫，多试几种字体，对比着慢慢挑选，别忘了控制好行距，细节决定成败。

至于内容的信息量把控方面，能一句话说清楚就别用两句话，上展板的内容都应该是字字推敲过的，用越少的话描述，主题就越突出，同时也意味着可以放更多的内容。描述的时候可以多提取一句话的关键词，重新组成一句更为紧凑的话。控制好图片和文字的比例，避免密密麻麻全都是字的情况，当然全都是图片也容易导致过度抽象。所以图片和文字应该是相辅相成互相解释的，可以考虑多用一些有代表性的图片，因为图片往往更加直观，让人更快

TIPS:

>> 展板设计和制作的目的不是一味地追求艺术展现，最重要的是让学生自己将研究项目思路梳理地更清楚，将展示的内容浓缩提炼，内化于心，真正地理解了，才能清晰顺畅地讲解，并应用简单、易懂的展现形式传达给同学和观众，让他们快速地了解项目内容、研究过程以及结论等信息，同时也能给作者在答辩过程中的关键部分起到提醒作用。

育才篇·成果

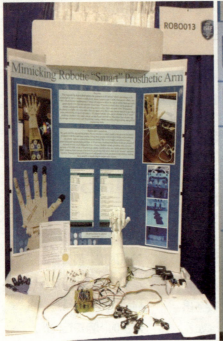

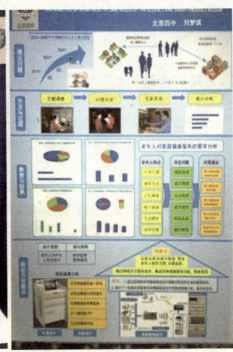

地理解。

荣获第 14 届"明天小小科学家"一等奖、第 13 届"北京市青少年科技创新市长奖"的刘梦琪同学谈到：

"展板的准备是整个比赛中很重要的一个环节，它直接表明我们对项目的理解，进而影响评委对项目的看法。整体的设计思路要清晰，尽量简洁、突出重点、颜色不要过于花哨。"

加强动手能力

每个比赛对于展板可能都有特别的要求，请务必注意。有些比赛的展板需要到现场动手组装，所以需要对展板有一个明确的规划，避免现场忙乱。例如，"明天小小科学家"允许参赛选手准备一块个人介绍展板，还需注意不能把获奖证书等违规图片放进展板（否则现场会被要求挡上）。

关于英特尔工程大奖赛的展板，由于是国际比赛，首先语言上要变成英文，文字量有时会有点多。但只要整体结构清晰，不放违规的内容（详情看每年的参赛说明）就可行。内容上由于还是同样的项目没有太大的差别，可能由于时间不同有一些新的进展。但学生也不要因为展板而过于担心，展板只是演讲过程中一个重要的辅助工具，自己的演说才是最重要的。

国外的比赛更重视应用，所以我就把项目应用那部分放在了中央位置。比如在国内报的偏社科项目，那我就会把研究的过程多展示，模型作为辅助说明。

通过学生们的实战经验分享以及多年带学生参赛的经历，我认为展板设计和制作的目的不是一味地追求艺术展现，最重要的是让学生自己将研究项目思路梳理得更清楚，将展示的内容浓缩提炼，内化于心，真正地理解才能清晰顺畅地讲解，并应用简单、易懂的展现形式传达给同学和观众，让他们快速地了解项目内容、研究过程以及结论等信息，同时也能给作者在答辩过程中的关键部分起到提醒作用。当然最终展示效果考量，还在于整个评审交流的全过程，看你自己怎么与评委沟通，突出什么？这些都需要自己提前规划好，要经过反复演练答辩，形成逻辑清晰的表达思路。在答辩中展板也许起到的是辅助作用，但对于项目的传播则在展示过程中更重要。

目前，国内一直要求学生自己制作展板，但实施地并不理想。美国英特尔工程大奖赛学生布展完全是现场制作，组委会提供材料和工具，挑战学生个人创意设计、思维能力和动手能力，对于这方面我们还要逐步改善。

育才篇·成果

▶▶ 延伸阅读：

关于科技创新大赛的展板设计与制作，首先要指导学生研读竞赛通知和要求，认真规划展板的内容及达到的目的和实现的功能，理解竞赛规则，例如：展板的尺寸规格、摆放方式及布展环境等，建议关注以下几点：

1. 展板规格，创新大赛的展板规格宽为 90 厘米，高为 120 厘米；ISEF 展板宽为 122 厘米，高为 274 厘米；

▼ ISEF 展板

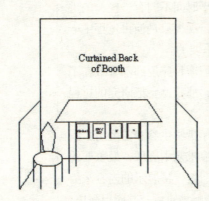

▼ 创新大赛展板

　　2. 标题醒目，内容板块分割明确，研究过程清晰；

　　3. 展板中所有文字准确，能让距离 2 米左右的观众看清楚；

　　4. 色彩协调，图表、图案设计体现科技感和时代感；

　　5. 低年级学生可以引入趣味元素（卡通设计等），以吸引观众，营造互动氛围。

文／北京四中　李雪梅

导语： 科研院所拥有优秀的学术人才、精深的理论研究、与国家需求高度契合的应用基础研究平台和自由活跃的科研氛围，以及由此形成的科研实践积累，无疑是中学生科普教育的理想课堂。

如何利用研究基地
为青少年科学实践活动提供平台？

育才篇·成果

在科学技术高速发展和全球高度一体化的今天，专业人才已经成为国家竞争力构成的重要因素，而青少年科学素质的普遍提升也由此成为全社会的共同责任。中国科学院植物研究所野生植物迁地保育和可持续利用研究团队，结合研究组的科研资源，于2006年开始与北京八中密切合作，共同开展针对高中生的科普实践活动。10年来以该校高中学生为主要对象，以研究团队的实验室和研究基地、研究所的植物园、标本馆和图书馆为平台，以个别学生的长期指导和集体短期活动相结合，利用寒暑假和课余时间等开展多样化的主题科学探究活动。

"一对一"的科学探究模式

长久以来，在"翱翔计划"等青少年科学活动的框架下，研究人员结合植物与环境适应的研究，对北京八中高一年级具有强烈科研兴趣的学生一直以"一对一"指导的方式，进行着科学潜质的开发培养。在这样的模式下，孩子的兴趣和潜能因研究人员长期悉心指导被充分地挖掘出来，孩子们的研究论文在国内外屡屡获奖。2007年以来，进行"园林植物低温胁迫研究"的杜鹃同学、

"紫茎泽兰对蕨类植物金毛狗的化感作用"研究的杜沛宜同学、"能源植物甜高粱在北方盐碱地种植的应用前景分析"，以及"盐胁迫对甜高粱幼苗光合特性的影响及 Ca^{2+} 的缓解作用研究"的郑佳萌和许博等同学的研究论文，先后获得了全国青少年科技创新大赛一等奖和二等奖、英特尔英才奖和国际科学与工程 Intel 大赛集体项目三等奖、北京市青少年科技创新市长奖等。其中，郑佳萌同学因为出色的研究表现，还应邀出席了 2008 年的诺贝尔颁奖典礼。

在"一对一"教学的几个月中，学生可以经历较为完整的研究过程，并与导师有着密切的接触和互动。从缜密的逻辑推论到严格的实验验证，从数据的获取到文献分析和引用，从最初的假设到研究论文的形成，孩子们经历了科学研究的全过程。而另一方面，几个月的实验过程使孩子们拥有了与在校的固定

▼ 2016 年 1 月，北京八中开展的植物的环境适应主题探究活动

课程学习完全不同的经历。他们意识到必须通过文献的阅读学习,才能对导师提出的科学命题有所领悟;必须进行合理的时间分配和最大限度地提高效率,才能解决课业任务和实验之间的时间冲突;必须坚持到底,才能突破研究难题。这种从迷蒙到清晰、从庞杂到条理、从失望到兴奋的过程,是研究所"一对一"的探究模式独有的特点,孩子除了收获科学研究经历以外,更在于探索过程中的思维能力和心理承压能力的锻炼和提升,是探究之外更深远的影响。我们也了解到曾经参加过"一对一"探究活动的学生,不仅对自己未来高等教育的专业选择意向十分明确,更为突出的是他们会以更加成熟的科学思考快速适应新的研究环境,有条理、有见地地从事研究,从而表现出较高的科学素质。

群体集训的科学探究模式

如果说"一对一"的探究模式旨在进行精英个体培养的话,那么在研究组开放的资源平台上开展的群体探究活动,则是受益面更宽的精英群体培养。2012 年,随着研究组在内蒙古生态修复项目中取得进展,研究团队开始以"植物资源—环境适应—生态修复"这个包容性极强的大主题,整合研究组在横向项目上的平台条件,结合北京市青少年科技俱乐部和北京八中暑期科学探究活动的需求,开展了群体集训活动模式的尝试。

以荒漠生态系统的科普教育为内容,在内蒙古恩格贝开展的沙漠绿洲科考活动成为了北京市中学生的名牌活动,受众由最初的理科学生扩展到文、理科生兼顾,学科从沙漠自然环境、绿洲建设、植物资源拓展到社会人文和历史领域,内容从考验体力的沙漠穿越到动物实验室的参观、野生植物资源或社区环境的调查,参与的学生约 600 余人。曾经参加活

TIPS:

> 从迷蒙到清晰、从庞杂到条理、从失望到兴奋的过程,是研究所"一对一"科学探究模式独有的特点,孩子除了收获科学研究经历以外,更在于探索过程中的思维能力和心理承压能力的锻炼和提升。而群体集训的探究活动模式则进行着精英群体的潜能挖掘。

育才篇·成果

动的孩子们如今已经走进了国内外的著名大学，从事着与生命科学相关学科的学习和研究。内蒙古的活动经历对同学们的影响是深远的，这是几年后大家在交流中的共同感受。

由于群体活动受众面宽，让更多的孩子有机会感受了植物科学的魅力与科研工作的艰辛，活动很快得到了学生、主办单位和家长的认同。2016年夏季，研究组又开放了在内蒙古资源枯竭城市的生态修复项目平台，带领北京八中高中一年级的理科实验班60余名同学，在内蒙古的两个资源枯竭城市——乌海市和包头市石拐区，进行了"荒漠化草原生态系统野生植被调查"和"资源枯竭城市转型发展的人文调查"，并针对生态修复项目区域进行了景观设计创意。学生们在短短一周时间内收获颇丰，其中何世图等三名同学的研究论文获得了2016年中国少年科学院"小院士"全国一等奖和北京西城区中学生论坛一等奖。

将研究基地建设成为高水准的青少年科学研究平台

短短几年时间，我国一、二线城市针对中小学生科普教育活

育才篇·成果

▼北京八中学生开展超旱生群落调查

动的商业化运作就已经空前活跃。社会培训机构频频推出诸多类型的科普活动的同时，同质化竞争也会不可避免地出现，以产品分级和受众分层为表现的市场细化或市场定位最终会成为无法回避的问题。而在活跃的科普教育业态中，以研究所平台为主导的科学拓展活动，以其独有的特点无疑会占据特定的社会空间，其主要特点和独特作用可以体现在以下几个方面：

一是较高的学术性定位和拓展潜能的挖掘更适合精英群体的引导培养。与社会科普机构不同，研究所平台以国家科研任务为主导，通常以基础理论及应用基础研究为特点，研究结果面向国际学界发布，科学性要求极高。这意味着导师具有较为丰富的科研经历，对活动受众也具有更强的选择性。以往活动中，我们的学生主体来自北京重点学校的高中同学，他们不仅具有良好的学习习惯，还具有较强的求知欲望和学习能力，活动中自然表现出专注、勤奋、思考和不畏艰苦的突出特点，同时对于普通学校选送的优秀学生也形成了很好的带动和激励效应。对于这些起点较高的学生，教学中我们通常直接传授具有一定深度的生态学概念和理论，以讲座和自主拓展相结合的形式激发孩子兴趣，继而鼓励他们针对自己的兴趣点寻求论证依据。在 2016 年 8 月乌海的荒漠化草原植被调查中，这种方法取得了理想效果。在野外调查开始 1 个小时之后，11 个小组中 5 个小组的同学都很快发现了各自感兴趣的问题，在导师的鼓励下带着自己的问题兴致勃勃地继续着后面的调查，完全不觉环境的炎热暴晒，进入了忘我的状态。

二是"真枪实弹"地体验科研过程是对孩子学习能力的完善和挑战。与社会化科普有所区别的是，在研究所氛围中开展的科学探究活动直接面对科学任务，将孩子们从传统课堂教学模式中拉出，释放到针对科学问题的调查和实验实践中，需要学生从在校的传统讲授模式迅速转换为自主阅读学习的研究状态。这里没有学校的教材，没有课本中现成的公式，他们要面对非典型的现象、纷繁的数据、没有直接给出答案的文献等复杂情况，要在特定时间内完成特定的研究任务，孩子们的压力之大可想而知。因

育才篇·成果

此，与博物馆参观和科普阅读等一般科普活动有所不同的是，他们体验着浓缩的科学研究实践过程，在这个过程中他们要参与讨论、分析数据、带着问题快速查阅文献、进行信息归纳，并以口头报告或研究论文的形式展现给大家。短短一周的主题探究活动，孩子们体验了从无知到求知、从感性到理性、从任务到兴趣、从碎片信息到观点形成的诸多过程。这些经历就像是在帮助他们打造挑战应对能力的基石，未来他们会踏着这块基石走进更为深奥的科学殿堂。

三是以科学命题的探究为载体提升科学素养。研究所组织的科学探究活动，导师都是经历过长期科研实践磨砺的研究人员，深知形成良好的科学素养才是科学探索的金钥匙。对于课业繁重的高中学生来说，寒暑假参加怎样的活动并不重要，而通过探究过程启发培养学生的科学思想和科学精神才最为关键。科学探

▼ 中科院生物所江明喜教授带领同学们在大九湖湿地考察

究过程没有课堂听讲和强化练习的时间，在短期群体活动伊始，高一学生对倾泻而下的科学概念和植物资源调查研究方法极为茫然。于是我们常常在活动的第一天就将孩子们置身于野外生境中，在实践中启发孩子从"整体性"的观察入手，进而强调"代表性"和"重复性"的取样原则，学生会很快找到感觉并且活跃起来。往往在群体探究活动开始的1~2个小时内就能看到教学效果，通过现场讨论鼓励同学们形成新的想法，并以此为驱动去寻找答案。教学活动中我们逐渐意识到，活动内容固然重要，但其中包含的科学思维方法和严谨坚韧的科学精神才是最为宝贵的精髓，它的传递必然要融于活动过程的每个环节。

由此看来，社会化的科普教育可以是青少年科学认知普遍提升的有效手段，而研究所的科学探究则是针对特定青少年群体进行的深度引导和启迪，能为国家输送更为尖端的科技人才，这样的功能决定了研究所科普教育的重要意义和其在商业竞争中所具有的不可替代性。

可以肯定的是未来几年，随着研究组在生态修复领域工作的稳步推进，我们将进一步联合包括项目所在地区的自然、人文及产业资源，针对青少年受众的具体情况进行差异化的课程设计，开设特色鲜明的科学教育课程，使研究所的平台资源在未来高端科技人才的潜能培养中体现更为积极的社会价值。

文 / 中国科学院植物研究所　石雷　崔洪霞

育才篇·成果

导语： 随着全球科学技术与文化艺术的迅猛发展与高度繁荣，传统教育模式中培养出来的专门型人才越来越无法适应时代发展的要求，而复合型人才以其适应当前多学科交叉融合、综合化的趋势而备受瞩目。

如何培养学科交叉的复合型人才？

育才篇·成果

基础教育阶段复合型人才内涵

随着世界经济、政治、文化等各项事业的不断发展和交流，通晓国际惯例、具有语言和文化交流能力，具备扎实的专业知识和脚踏实地的工作作风，即对知识结构和能力结构有一定综合素质的复合型人才将会满足现实社会对人才的整体素质提出的要求，而基础教育阶段应该给学生打下一个良好的基础。

基础扎实

在知识不断更新变化、增多的经济时代，知识的内容和质量从人的不同需求上来说是因人而异、各有侧重的，但其中的基础知识是相对稳定的，对每个人来说都是必要的。尤其对于未成年人，基础知识的学习尤为重要，基础教育阶段知识的学习就好比大楼的地基，地基扎实宽厚牢固，才有可能盖高楼，高楼才能够结实耐用，因此只有当学生掌握、消化并吸收基础性课程或课程的基础理论时，才能使学生有能力在知识激增的信息社会中适应知识更新和淘汰的挑战。因此，学生必须在基础的牢固和扎实上下工夫，使学生通过基础理论知识的学习，掌握运用综合知识去发现问题、分析问题，找到解决问题的原则和方法；同时增强基本技能的训练，包括专业的基础实验和研究技能、计算机能力、中外文能力等，不断提高学生在未来社会竞争中的可持续力，以适应当代知识经济的需要。

科技教育活动的原则是从学生兴趣出发，激励学生学习科学、热爱科学、应用科学，学生不仅要学懂前人积累的科学知识，更提倡通过自主学习探索发现新的知识，这样的学习会给学生打下扎实的知识基础。

知识面宽广

复合型人才必须具备跨学科门类的多学科知识，而且能够让不同学科领域的知识有机地组合起来，交叉融合、贯通成为多学科综合知识。只有跨学科门类的多学科知识却不善于融会贯通只能说是多才多艺，其知识结构是松散的拼盘式的。复合型的知识结构，既有相对独立的学科知识，又有交融在一起的多学科结合，是"八宝粥"式的结构。

现、当代科学技术发展的一个显著特征就是现代化信息量的急剧增加和知识技术的迅速更新，另一个突出特征就是各种知识技术的高度综合化。这两大特征使得社会上专业概念逐渐淡化，人们在从事一项工作或转移到另一个新的工作领域时，除扎实的基础知识外，宽广的知识面就显得尤其重要。

因此，基础教育阶段的教育在内容上要紧跟新技术革命的形势，要不断更新技术，更注重课程配套、知识结构和层次结构的完整性，以培养学生具有宽广的知识面。例如，美国现在大力提倡"STEM"教育，"STEM"的四个字母分别代表着 Science、Technology、Engineering、Mathematics 的意思。我们以前总是说这么一句话："学好数理化，走遍天下都不怕"，而"STEM"在这里更多是理科、工科、数学等相关领域的一个泛指。目前，中国的科学教育也在引进"STEM"教育理念，并将其本土化，很多老师做了很多尝试，以一个明确的主题，应用

TIPS:

▶▶ 通过组织吸引更多的学生加入多学科交互的活动中，让他们了解、学习、领会其他领域的知识，学会利用其他领域的知识来解决自己领域的难题；同时，融会贯通，把自己专业的知识创新性地使用到其他领域。这是培养多学科复合型人才行之有效的方法。

育才篇·成果

多学科知识开展丰富多彩的教育活动，深受学生欢迎，并取得了良好的教育效果。

知识运用能力强

目前，很多学生成绩非常优秀，知识基础扎实、知识面广，但缺乏知识的运用能力，不能把知识活用，不能在现实社会生活和工作中很好地运用所学知识，出现"高分低能"的现象，不能满足知识经济发展的需要，浪费和闲置了个人本身所具有的丰富的知识资源。高分数并不代表有高的知识运用的能力，因此，各校越来越重视学生知识的运用能力，通过各种途径来提高广大学生的这一能力，研究性学习课程的开设就是希望有这样的时间空间，让学生们能够应用自己学到的知识解决实际问题，提高综合素质。

既要使学生具备把自己的事业与人类文明、社会进步融为一

▼ 学生在高山草甸劳作

育才篇·成果

体的品格和社会责任感，并具有崇尚"真、善、美"，敢于坚持真理，热爱祖国的道德情操，还要具有自信、乐观、豁达、合群，不怕困难和挫折的良好的心理素质等。爱因斯坦曾经说过一段话：用专业知识教育人是不够的，专业教育可能使他成为一个有用的机器，但不能成为一个和谐发展的人。这就意味着人才的智力因素和非智力因素，专业技术素质，人文、心理素质都必须得到充分发展与和谐融合，具有复合型能力。而能力是知识的积累转化为个体的本领，可成为个体的多学科综合能力。通常，我们所说的复合型能力，除了指多学科综合能力以外，也包括其他能力的复合，如分析、思考、表达、组织、决策能力以及动脑、动口、动手解决问题的能力，还有就是软技术能力，即有效交际、识别问题以及与人共事的能力。一句话，复合型能力是指既有多学科综合能力又有多类型综合能力。

科学创新精神

创新是一个民族的灵魂，没有创新，就没有发展。习近平主席更是重视创新人才培养的工作，在 2016 年春天的"创新大会"上，习主席将科普工作与科研工作比喻为国家科技工作者的两翼，任何一个都不能缺失。知识经济在要求人才拥有知识的同时，特别强调科学人才的创新精神。科学创新，就是创造新的知识、发现新的规律、丰富科学知识的新体系，形成认识世界和改造世界的新观念、新思想、新方法。扎实的基础、宽广的知识面、较强的知识运用能力、全面的素质、科学创新的精神，构成了 21 世纪复合型人才培养的基本目标。

总之，复合型人才是既具有复合型知识、复合型能力，并且具有科学创新精神的全面发展的综合素质人才。

基础教育阶段培养学科交叉型的复合型人才方法与途径

科学好比一棵大树，一个人怎么也抱不住——非洲谚语。随着社会的飞速发展，社会分工会越来越细，科学研究更是如此。然而，当遇到一个具体的问题，往往又不是单一学科就能解决的，

育才篇·成果

育才篇·成果

而是需要多学科交叉融合解决。中学阶段的科技教育活动是非常好地通过学科交叉培养复合型人才的手段。

整合资源，为学生提供学科交叉学习的平台

物理学家、量子论的创始人 M·普朗克深刻地认识到："科学是内在的整体，被分解为单独的部门不是取决于事物的本质，而是取决于人类认识能力的局限性。实际上存在着由物理学到化学、通过生物学和人类学到社会科学的链条，这是一个任何一处都不能被打断的链条。"A 领域的研究问题，用 B 领域的方法，往往会得出令人意想不到的结果。

近百年来获得诺贝尔自然科学奖的 380 多项成果中，近半数是多学科交叉融合取得的。例如，著名的 DNA 分子双螺旋结构的发现就是物理学、生物学、化学交叉融合的结果。另外，多学科的交叉融合可以产生新的学科，进一步使科学研究精细化。例如，化学的工具和方法被用于研究生物和医学问题，分子生物学的手段也被用于解决化学问题，包括化学遗传学、生物体系的小分子调控、分子识别和分子间相互作用的化学基础研究、分子进化和生物合成基本规律等。如我们利用暑期，在中科院植物所多位专家的帮助下组织学生赴内蒙古乌海市和包头市石拐区，这样两个我国典型的"资源枯竭型城市如何顺利实现生态转型"地区进行科学考察活动，活动不仅设计了野外的科学考察和科学实验，还组织学生到新区和老区做社会调查，学生们从自然和人类社会中得到的是立体的、丰富的、现实的社会知识和科学知识。

思想交融，利于培养学生综合性地解决问题

交叉科学是自然科学、社会科学、人文科学等大门类科学之间发生的外部交叉以及本门类科学内部众多学科之间发生的内部交叉所形成的综合性、系统性的知识体系，因而有利于有效地解决人类社会面临的重大科学问题和社会问题。在社会发展中，人类会遇到诸如人口、食物、能源、生态、环境、健康等问题，这仅靠任何单一学科或一大类科学都不能有效地解决，而唯有交叉科学最有可能解决。

一个国家的发展战略、总方针、总政策的制定，有关政治、军事和经济等重大决策，都最需要综合性的知识，社会可持续发展也涉及众多学科知识，而交叉科学也能为其提供可靠的科学依据。这样的思想应该较早地渗透给孩子们，在科技教育活动中，不断地训练孩子们的意识和综合能力，对学生的成长非常有好处。譬如，在2016年暑期综合性的科学考察活动中，孩子们在活动日记中写道："满载经验与信心，小组一行人继续踏上对未知的探索之旅。充满好奇的我们总是愿意走到视野的那一端，去找寻些其他组未曾发现的事物。一路跋涉，我们也收获着意想不到的惊喜，譬如河谷地区密集分布的蒿草，一岸之隔的沙质与石质土壤之别……一路发现，一路思考，我们认真记录下因眼前之景而萌发的种种问题，等待回去后与老师探讨研究。我们不远万里地找到一块满意的样方，打桩、分类、测量、记录、分工默契，操作熟练，一切工作顺利且井井有条。我对我们的进步感到讶异而欣慰。也许，学习新事物最大的乐趣便在于此。尝试着去新的领域挑战自我吧，不求取得些什么耀眼的成就，但求有所收获，不

▼ 学生在四合木保护区实地考察

负初心。"

创新方式，促进多学科复合型人才的培养

当下，文理分科的教育形式在世界上只有中国采用，分科教育使得中国的人文教育跟科学教育相脱离，并且社会上长期存在着重理轻文的现象，很难培养出高水平人才。与此同时，人文教育跟科学教育没有很好地融合在一起，使得我们的学术道德也出现了很多问题。

综合我国当下培养人才的模式，跨学科、多学科交叉融合对我们培养高水平复合型人才有着特殊的意义。通过组织吸引更多的学生加入多学科交互的活动中，让他们了解、学习、领会其他领域的知识，学会利用其他领域的知识来解决自己领域的难题；同时，利用融会贯通，把自己专业的知识创新性地使用到其他领域，这是培养多学科复合型人才行之有效的方法。

当然，利用学科交叉培养复合型人才的教育之路刚刚开始，也存在很多困难和阻碍。目前的体制、管理方式、资源分配和参与人员自身的素质，都或多或少地成为学科交叉培养复合型人才的阻力。纵观科学发展的历史长河，尽管困难重重，但是学科交叉培养复合型人才有着它的必要性和必然性。"他山之石，可以攻玉"，通过借鉴利用、取长补短、不断实践，我们一定能够增强教育能力，不断提高教育效果，探索一条适合我国国情的学科交叉复合型人才培养的教育之路，对此，我充满了希望和期待。

文／北京市第八中学　高颖

育才篇·成果

国内外主要有哪些科技竞赛活动？

中国科协关于印发《中国科协科普发展规划（2016—2020
年）》的通知中指出，国家实施科技教育体系创新工程：推进青
少年科技教育模式创新。创新青少年科技活动，扩大和提升全国
青少年科技创新大赛等青少年科技教育活动的覆盖面和影响力。
拓展校外青少年科技教育渠道，动员鼓励青少年广泛参加科技类
活动。

参与北京市科协的"后备人才计划"的学生在项目驱动下，
在导师的实验室里，通过导师的指导和帮助开展科学研究，完成
研究课题或项目，同时在科技竞赛驱动下，在国内外科技竞赛活
动中检验项目成果。目前，国内外有哪些科技活动呢？

第一部分 国际科技赛事

英特尔国际科学与工程大奖赛
Intel ISEF

英特尔国际科学与工程大奖赛（Intel ISEF）由美国科学与
公众协会主办，素有全球青少年科学竞赛的"世界杯"之美誉，
是全球最大规模、最高等级，也是唯一面向中学生的科学竞赛。
竞赛学科包括所有自然科学和部分社会科学内容，它为全球最优
秀的小科学家和发明家们提供了互相交流，展示最新科技成果的
舞台。

1950 年，首届大奖赛在美国费城举办；1958 年，日本、加
拿大、德国加入比赛，此后大奖赛成为国际比赛；1997 年开始，
大奖赛由英特尔公司冠名赞助。大奖赛每年举办一届，至今有 60
多年历史，已成为国际最高级别的青少年科技赛事。大奖赛校友
为科学做出了杰出贡献，其中包括诺贝尔奖及美国国家科学奖章

育才篇·成果

285

得主。

　　每年都有来自 70 多个国家的 1700 多位学生参加比赛，进入终评的选手将会去美国参加比赛并向公众展示作品，同时会见著名科学家。其中，最高奖——"戈登摩尔奖"奖金为 75,000 美元。获奖者除了高额奖金外，还可参加当年的诺贝尔奖颁奖典礼，还能经美国麻省理工学院林肯实验室（小行星发现机构）以获奖者的名字为小行星命名。

　　从 2000 年第 51 届英特尔国际科学与工程大奖赛起，英特尔公司开始与中国科学技术协会合作，每年赞助中国学生参加在美国举行的 Intel ISEF 总决赛。

　　参赛对象：面向 9~12 年级（即初三至高三）中学生，具有创新性、独立性、合理性、完成度高的科研项目，以个人或 3 人以下（含 3 人）组成的团体项目参赛。

　　参赛学科共 17 个学科，分别是动物学、行为与社会科学、生物化学、细胞和分子生物学、化学、计算机科学、地球与行星学、机电学、材料和生物、能源及交通、环境管理、环境科学、数学、医学与健康、微生物学、物理学和天文学、植物学。

参赛流程：学生要有一年的研究过程，参加上一年度全国青少年科技创新大赛获英才奖或明天小小科学家奖励活动获一等奖项目，也可以是参加省市选拔的最优秀项目，报送参加中国科协组织的 ISEF 冬令营暨遴选活动，最终获得 ISEF 入场券。

评审原则：ISEF 的评委甄选原则为每位 Intel ISEF 评委必须拥有博士学位或拥有 8 年相关科研经验，志愿参加 ISEF（大赛无费用提供，裁判由主办机构的组委会遴选）。Intel ISEF 每年邀请 1000 多名不同学科和工程学学科的专家，包括数十位诺贝尔奖获得者负责评判项目，并在大奖赛期间与学生进行广泛的交流。另外，大赛有完善的回避机制，不允许评委评审本国学生。最后，各小组项目经过十几个评委打分后，再由小组所有评委一起表决完成奖项的定夺。评委小组的主席，只掌握组织权，无表决权。所以，ISEF 的结果将保证公平公正。

参赛原则：选题适合青少年、完成过程符合青少年能力水平、全部由自己动手完成。ISEF 的宗旨能更好地说明国外的教育理念——"pick up the best，encourage the rest"（挑选最好的，鼓励其余的）。在这场人人平等的科学盛宴上，比赛、竞争都被拿到了幕后，幕前学生面对的只是"同行们"友善的交流。

欧盟青少年科学家竞赛
The European Union Contest for Young Scientists，简称 EUCYS

举办时间：每年 9 月，约 6 天。例如，第 28 届欧盟青少年科学家竞赛于 2016 年 9 月 16—21 日在比利时布鲁塞尔举办。

地点：欧盟各成员国轮流举办

主办单位：欧盟科研与创新总署（Research and Innovation of the European Commission）。

主要内容：由欧盟委员会于 1989 年发起，由欧盟科研与创新总署管理，旨在促进青少年科学家之间的合作与交流，引导他们未来从事科技方面的工作。比赛主要面向欧盟成员国（28 个）和其他欧洲国家（8 个国家，即冰岛、以色列、挪威、瑞士、土耳其、摩尔多瓦、塞尔维亚）的高中及大学一年级学生（14~21 周岁），中国与日本、韩国、加拿大、美国等 8 个国家作为国际特邀国家参赛。赛事涉及生命科学、生物技术、化学、地球科学、工程学、环境科学、信息和计算机科学、数学、医学、微生物学、物理、社会科学等 12 个学科。中国科协青少年科技中心从 2002 年开始组团参加此项比赛。

参赛（加）条件：年龄 14~21 岁；参加比赛时接受大学教育不能超过一年，并且项目是在进入大学前完成的；之前没有参加过欧盟竞赛，即使项目不同也不可以；全国青少年科技创新大赛和"明天小小科学家"一等奖以上研究项目；英语听说读写能力强（比赛期间不提供翻译志愿者）。

学生和项目名额：3 个项目，最多 6 名学生

推选单位：中国科协青少年科技中心

国际可持续发展项目奥林匹克竞赛
The International Sustainable World Project Olympiad(Energy, Engineering, & Environment)

举办时间：每年 4 月底 5 月初，为期一周。2016 年第 9 届国际可持续发展项目奥林匹克竞赛在美国休斯敦举行。

地点：美国休斯敦

主办单位：和谐公立学校（Harmony Public Schools）。

主要内容：国际可持续发展项目奥林匹克竞赛（能源、工程、环境）是一项面向 9 ~12 年级学生的科学赛事，也是全球同类赛事中规模最大的科学赛事。每年约有来自 60 个国家及地区的 1600 余名选手参加。I–SWEEEP 最初由非盈利组织宇宙基金会主办，近几年改为由基础教育公立学校组织，各行业领导者和高等教育机构支持。I–SWEEEP 与美国国内及国际各科技赛事组织者通过一系列比赛共同集聚了一流的参赛者和参赛作品。其目标是就全球可持续发展所面临的挑战，激发学生的兴趣和意识；

帮助学生把握相关议题；探寻解决问题的可行性方案；引起青少年关注；加快世界可持续发展进程。同时，I–SWEEEP 为参赛获奖者们设置了约 35 万美元的奖金、助学金等奖励。中国科协青少年科技中心从 2010 年开始组团参加该项比赛。

参赛（加）条件：

1. 9~12 年级高中学生，比赛当年 4 月 1 日前年龄在 21 岁以下；

2. 能源、工程、环境三个学科的研究项目；

3. 英语听说读写能力强；

4. 集体项目人数最多不超过 3 人（主办方只负担集体项目中的 2 人费用）；

学生和项目名额：3 个项目，最多 6 名学生。

推选单位：中国科协青少年科技中心

伦敦国际青少年科学论坛
London International Youth Science Forum

举办时间：每年 7 月底 8 月初，约 15 天。

地点：英国伦敦

主办单位：英国文化协会（British Council）、文化交流公司（Educational Cultural Exchanges Ltd）。

主要内容：自 1959 年起，英国文化协会在英国政府的支持下，每年主办一届"伦敦国际青年科学论坛"，至今已有 53 年的历史。论坛每年选择在一所英国的高校举办，约有 350 位（17~21 岁）来自 50 个国家和地区的学生参加。每届论坛都有一个主题，活动内容包括前沿科学家的讲座和演示，参观工业基地、研究中心、科学机构和组织、世界一流的实验室和大学。中国科协青少年科技中心从 2003 年开始组团参加此项活动。

参赛（加）条件：年龄在 17~22 岁之间；英语听说读写能力强；有科学研究项目，且必须是个人项目；沟通和人际交往能力强。

学生和项目名额：6 名学生，6 个项目。

育才篇·成果

推选单位：中国科协青少年科技中心。

瑞典斯德哥尔摩国际青年科学研讨会
Stockholm International Youth Science Seminar

举办时间：每年 12 月，约 7 天。

地点：瑞典斯德哥尔摩

主办单位：瑞典青年科学家联合会、诺贝尔基金会。

主要内容：斯德哥尔摩国际青年科学研讨会是世界著名的青少年科技活动，创办于 1976 年，每年仅邀请 25 名来自不同国家的青少年，这些青少年有的是从英特尔国际科学与工程学大奖赛和欧盟青少年科学家竞赛等主要国际青少年科技竞赛活动中涌现出来的佼佼者，有的是代表青年科学家组织或者由大学推荐。活动的主要目的是促进国家间的了解和加深友谊，为在自然科学领域有相同兴趣和对其他国家的文化、人民有了解欲望的青年提供交流平台。在一周的活动时间里，青少年将受邀出席诺贝尔奖颁奖典礼、招待会、欢庆仪式等，参加科学活动和讲座，了解瑞典的科研和文化习俗。

参赛（加）条件：年龄在 18~24 岁；完成一个自然科学领域的科学研究项目（生物、化学、物理、环境科学、医学、物理或以上学科的交叉），并能进行一个 7 分钟左右的英语项目展示；至少完成两年的英语学习，有良好的英语沟通交流能力；曾获得过全国青少年科技创新大赛或"明天小小科学家"一等奖。

学生和项目名额：1 名学生。

推选单位：中国科协青少年科技中心。

日本超级理科高中学生展示活动
Super Science High School(SSH) Student Fair

举办时间：每年 8 月，约 3 天。

地点：日本

主办单位：日本文部科学省（MXET）、日本科技振兴机构（JST）。

主要内容：日本超级理科高中学生展示活动由日本文部科学省和日本科技振兴机构共同主办，从 2004 年开始举办，每年举办一次，是日本"超级理科高中计划"（以下简称"高中计划"）中的重要组成部分，是面向"高中计划"的项目学校、旨在激发学生兴趣、崇尚科学、严谨治学、善于探究，提高学生创新能力的一项重要竞赛活动。从 2011 年开始，主办方开始邀请中国、韩国、德国、美国等其他国家和地区的优秀学生项目参加比赛，中国科协青少年科技中心也是从这一年开始组团参加此项活动。

参赛（加）条件：高中学生；英语听说读写能力良好；有科学研究项目；必须是集体项目。

学生和项目名额：3 个项目（每个学校 1 个项目），6 名学生。

推选单位：中国科协青少年科技中心。

丹麦青少年科学家竞赛
National Danish Science Fair Unge Forskere(Young Scientists)

举办时间：每年 4 月下旬。

地点：丹麦不同城市

主办单位：丹麦皇室担保授权教育部主办，丹麦科学工厂承办。

主要内容：丹麦青少年科学家竞赛创办于 1989 年，由丹麦教育部主办、丹麦科学工厂承办，每年举办一次，是丹麦国家级青少年科技赛事。竞赛面向丹麦全体中小学生（21 岁以下），涵盖化学、环境、生物、数学、物理学、医学、工程学、生物化学、信息学等多个学科，每年 3 月会举行 5 个区域半决赛，在半决赛胜出的 100 个项目有机会进入到 4 月份的总决赛。丹麦派出参加国际知名的欧盟青少年科学家竞赛和美国英特尔科学与工程大奖赛的项目都在此竞赛中产生的。同时，竞赛主办方还与挪威、荷兰、欧盟、美国、中国和巴西等国家建立了双边合作机制，互派学生参加对方的国家科技赛事。从 2006 年开始，中国科协青少年科技中心派队参加该竞赛。

参赛（加）条件：高中学生；英语听说读写能力良好。

学生和项目名额：4 个项目，4 名学生。

推选单位：中国科协青少年科技中心。

卢森堡青少年科技竞赛
Luxembourg National Young Scientists Contest

举办时间：每年 3 月。

地点：卢森堡

主办单位：卢森堡青年科学家基金会 (Fondation Jeunes Scientifiques Luxembourg)。

主要内容：卢森堡青少年科技竞赛自 1971 年以来每年举办一次，由卢森堡青年科学家基金会主办和管理，卢森堡每年选派参加欧盟竞赛、伦敦论坛等国际著名科技赛事和交流活动的学生均是从该竞赛的优胜者中产生。法国、意大利、德国、南非等国受邀选派项目参加该赛事。

参赛（加）条件：年龄在 14~21 岁的中学生；英语听说读写能力良好；集体项目不超过 3 人。

学生和项目名额：3 个项目。

推选单位：中国科协青少年科技中心。

巴西青少年科技竞赛
MOSTRATEC Brazilian Science and
Technological Fair

举办时间：每年 10 月。

地点：巴西南里奥格兰德州新汉堡市

主办单位：利贝拉托基金会（Fundao Liberato）。

主要内容：巴西青少年科技竞赛从 2009 年开始举办，每年举办一次，由利贝拉托基金会主办和管理。每年有来自巴西和 20 多个其他国家的约 450 项优秀青少年科技项目参赛，是南美洲最大的青少年科技赛事。赛事涵盖动物和植物科学、细胞和分子生物学及微生物学、化学和生物化学、计算机科学、地球和天体科学及数学和物理、社会科学及艺术和行为科学、电气工程、电子工程、机械工程、材料工程、环境管理、环境科学、医药与健康等学科领域。

参赛（加）条件：年龄在 14~21 岁的中学生；项目必须有一个年龄大于 21 岁的导师；集体项目不超过 3 人；英语听说读写能力良好。

学生和项目名额：1 个项目，集体项目不超 3 人。

推选单位：中国科协青少年科技中心。

以色列世界科学大会
WSCI

举办时间：每年 8 月。

地点：以色列耶路撒冷

主办单位：以色列希伯来大学、以色列科技部、以色列外交部联合主办。

主要内容：由 2006 年诺贝尔化学奖得主、美国生物学家罗杰·科恩伯格发起，以色列希伯来大学、以色列科技部、以色列外交部联合主办，原定于 2014 年举行，由于巴以局势推迟到 2015 年。2015 年大会邀请了 15 位诺贝尔奖、沃尔夫奖、菲尔兹奖等国际重要奖项得主、知名科学家，以及全球 70 多个国家和地区的 17~21 岁的学生进行交流，参会人数达到 400 人，以色列总统鲁文·里夫林出席本次大会。

参赛（加）条件：中国科协"中学生英才计划"的优秀学员，对数学、物理、化学、生命科学、计算机科学等基础学科有兴趣、学有余力的高中学生。他们由该项目学术委员会的科学家推选确定，已经跟随国内重点高校的导师进行了一段时间的课外研究性

育才篇·成果

学习。

学生和项目名额：15人。

推选单位：中国科协青少年科技中心。

斯德哥尔摩青少年水奖

举办时间：每年7月。

地点：瑞典斯德哥尔摩

主办单位：斯德哥尔摩水基金会。

活动宗旨：提高青少年对自然环境的关注和良好的科技创新意识，鼓励和支持全国中学生积极参与水环境保护、进行与水资源有关的科技发明，培养具有可持续发展战略眼光、正确环境价值观的青少年科技创新后备人才，推动青少年参与水资源保护的行动。

主要内容：自1997年开始在每年的斯德哥尔摩"世界水周"期间举行，旨在提高青少年对水资源和环境保护方面的兴趣，被誉为"世界青少年水科技诺贝尔奖"。该奖项的获得者将获得5000美元奖金（瑞典王储维多利亚公主是该奖项的赞助人）、证书及一座水晶奖杯。每年，不同国家和地区将通过相关比赛选拔出最优秀的获奖学生来参与此项国际赛事。"斯德哥尔摩少年水奖"是"世界水周"设立的奖项之一，旨在鼓励青少年投入到合理开发利用水资源的创造发明中。

参赛（加）条件：获水科技发明类（A类）特别奖项目。

学生和项目名额：1个项目，不超过3名学生。

推选单位：国家环境保护部宣教中心。

时间节点：9~10月教师培训。9月份开始选题，12月~次年3月完成作品。2月16日~3月底完成网上申报，4月网上初评，5月底~6月初举行全国现场决赛及颁奖，8月获水科技发明类（A类）特别奖项目赴瑞典参加被誉为"世界青少年水科技诺贝尔奖"的"斯德哥尔摩青少年水奖"总决赛。

育才篇·成果

第二部分 国内赛事

青少年科技创新大赛

全国青少年科技创新大赛的英文名称：China Adolescents Science & Technology Innovation Contest（英文缩写：CASTIC）。

主办单位：中国科协、教育部、科学技术部、环境保护部、国家体育总局、共青团中央、全国妇联、国家自然科学基金委员会等联合主办。

历史概况：全国青少年科技创新大赛已成为我国国内面向在校中小学生开展的规模最大、层次最高的青少年科技教育活动。全国青少年科技创新大赛每年举办一次，每年一个主题，目前已连续举办了 31 届。大赛的活动内容包括两个系列，一个是竞赛

育才篇·成果

系列，另一个是展示系列。竞赛系列活动是青少年的科技创新成果竞赛（2015年第30届大赛增加"科技创意"板块）和优秀科技辅导员的评选。展示内容分为学生创新成果竞赛项目展示、优秀科技实践活动展示、科学幻想画展示、科技辅导员创新项目展示。决赛阶段，所有参赛选手都要参加公众展示、封闭问辩、素质测评和技能测试等环节。

中小学生科技创新成果竞赛

参赛对象：在校的中小学生（含职业学校），以个人或3人以下（含3人）组成的集体。

学科分类和学科认定——小学生项目研究领域分类涉及5个领域：物质科学（MS）、生命科学（LS）、地球与空间科学（ES）、技术与设计（TD）、行为与社会科学（SO）。

中学生研究项目学科分类和学科认定涉及13个学科：数学（MA）、计算机科学（CS）、物理学（PH）、地球与空间科学（ES）、工程学（EN）、动物学（ZO）、植物学（BO）、微生物学（MI）、医学与健康学（ME）、化学（CH）、生物化学（BI）、环境科学（EV）、行为与社会科学（SO）。

时间节点：青少年科技创新大赛是在全国开展最普遍的活动，一般是3月份选人选题，5月份正式进入项目实施阶段，9月份出报告，10月份参加区评选，12月份进行省市的网上申报，次年3月份省市大赛，5月份入围全国赛网上申报，8月份全国终评。

"明天小小科学家"奖励活动

"明天小小科学家"奖励活动创立于2000年，是由中国科学技术协会、中国科学院、中国工程院、国家自然科学基金委员会和香港周凯旋基金会共同主办的一项青少年科技创新后备人才选拔和培养活动。该活动通过考察学生的创新意识、研究能力和知识水平等综合素质，发现具有科学研究潜质的学生，并鼓励青

育才篇·成果

少年投身于自然科学研究事业。活动接受品学兼优且拥有独立科学研究成果的高中学生自由申报。获奖学生有机会被推荐给著名高校，并获得在大学继续进行科学研究和学习的资助。每年大约有 600 名学生提出申请，活动组委会选聘约 200 名院士和专家组成评审专家委员会，通过对学生科研项目和申报材料进行评审，评选出 100 名优秀学生到北京参加为期一周的终评评审和交流活动。经终评评选，最终产生"明天小小科学家"称号获得者 3 名、一等奖 12 名、二等奖 35 名，三等奖 50 名。

"明天小小科学家"奖励活动评审有一个鲜明的特点，重在选人。这个因素贯穿着整个评审过程，是它与其他同类科技竞赛的最大区别。其中包含着几个重要的关键词，即"选拔和培养""科研潜质""自然科学研究事业"。

申报要求：

网上自由申报，没有门槛，没有基层赛事，一站直达全国；

仅接受当年为在校高中年级学生的申报；

仅受理个人科研项目申报；

这是对个人科学素养的综合考量，需要提交 6 套表格及相关附件。

说明：6 套表格分别为《申报表一：学生情况表》《申报表二：研究项目表》《申报表三：个人陈述表》《申报表四 -1：辅导教师表》《申报表四 -2：指导科学家表》（选填），以及《申报表五：专家推荐表》和《申报表六：学习成绩表》。

科研项目领域：涉及 12 个学科，即数学、物理学、化学、生物化学、动物学、植物学、微生物学、医学与健康学、环境科学、地球与空间科学、计算机科学、工程学。

时间节点："明天小小科学家"针对的是高中生的个人项目，大多数参赛项目是在实验室完成的，一般都参加过创新大赛。一般是 9 月份进入实验室或确定选题，第二年 5 月份网上申报，11 月份入围 100 名的选手参加终评。

育才篇 · 成果

中国青少年科技创新奖

主办单位：共青团中央、全国青联、全国学联、全国少工委。

奖项设置："中国青少年科技创新奖"面向全日制在校学生个人设奖，基金主要奖励在校大、中、小学生，每年奖励100人左右。申报实行组织遴选与社会推荐相结合，各地候选人可由省级团组织统一组织申报，也可由国内科技教育领域的权威专家联合推荐。评审坚持公开、公平、公正原则，评审结果向社会公布，共设研究生、大学本专科、高中生、初中生、小学生五个组别。研究生和大学本专科生获奖者每人颁发奖学金20000元，中、小学生获奖者每人颁发奖学金5000元，同时分别颁发荣誉证书和奖杯。

推荐标准：认真学习邓小平理论和"三个代表"重要思想，树立和落实科学发展观；热爱祖国，遵纪守法，德智体美全面发展；热爱科学、乐于探究、积极实践、勇于创新；在科技创新方面取得突出成绩或显示较大潜力。被推荐人的年龄不超过28周岁。

在上述标准基础上，对具备下列条件的候选人予以优先考虑："挑战杯"全国大学生课外学术系列竞赛中特等奖获得者；在国际核心学术期刊上发表论文或论文被SCI收录者；学术科研成果具有较高的理论价值和推广价值，或应用于实践领域产生显著社会经济效益者；在全国青少年科技创新大赛、"未来杯"全国中学生创意设计竞赛、中国少年儿童海尔科技奖、"明天小小科学家"等活动中表现突出者；在其他国内外科技竞赛中取得优异成绩者。

推荐方式："中国青少年科技创新奖"采取组织推荐和社会推荐相结合，以组织推荐为主的方式进行，由各省级团组织统一协调。候选人可由省级团委统一组织推荐，也可由国内科技教育领域的权威专家联名推荐。（组织推荐的基本程序：学校党团组织审核推荐；省级团组织审核推荐。社会推荐的基本程序是：专家老师联名推荐；省级团组织认定推荐。各省级团组织确定推荐候选人名单后，通报候选人所在单位及有关组织，在一定范围内公示，公示时间一般不少于3天。）

时间节点：这是面向包括港澳台地区在内的所有中国青少年（小学、初中、高中、本科生、硕士生、博士生）的评比，一般要求有突出的科技活动经历和奖项，4 月初组委会下发通知，5月份由省市团委按名额推荐上报，6 月全国评选，7 月获奖名单公示，8 月在北京人民大会堂颁奖。

"中国少年科学院小院士"评选活动

主办单位：中国少年科学院、中国青少年发展服务中心主办，全国少工委、中国科学院、教育部关工委等单位支持。

活动宗旨：以培养青少年具有永不满足、追求卓越的人生态度，提高青少年发现问题、提出问题、进而解决问题的能力为目标；为青少年在学习和社会生活中发现并开展的各种课题研究项目或创意发明项目提供一个展示与交流的平台而开展的活动。以此活动为契机对青少年进行科学思维与技能、科学精神与态度、科学方法与能力、科学行为与习惯的培养，不断增强青少年的科学素养，努力提高他们的思想道德素质和科学文化素质。

申报条件：自主完成的课题研究项目或科学发明项目；作者的年龄在 7~18 周岁之间，热爱祖国、品学兼优的在校中小学生；热爱科学、乐于探究、积极实践、勇于创新，积极参加科技实践活动；发明创造或课题研究成果具有较高的科技含量或推广价值。

时间节点：项目研究基本与青少年科技创新大赛相同，5 月份选人选项目，9 月完成报告，10 月省市申报，11 月省市现场评选，12 月底全国现场终评。

学生保护科学大会

主办单位：山水自然保护中心、北京大学自然保护与社会发展研究中心。

活动背景：

（1）学生保护科学大会北京分会 —— SCCS-Beijing

由剑桥大学创立的学生保护科学大会（SCCS）与北京大学主办的北京论坛合作，2003年在北京举办首届学生保护科学大会北京分会 —— SCCS-Beijing。SCCS-Beijing每年一次，旨在为中国和其他国家年轻的保护科学研究者和实践者提供国际交流和学术提升的平台，提高中国自然保护研究者和实践者的专业能力，满足今天社会日益增长的生态保护人才的需求。

（2）学生保护科学大会SCCS-Beijing——中学生专场

学生保护科学大会SCCS-Beijing上，山水自然保护中心与北京大学自然保护与社会发展研究中心开设中学生专场，征集在校中学生的科研方案并通过专项奖学金支持、科学家辅导、保护区实践支持基地等多样化的培养方式，将科学的种子埋在青少年心中。

参赛要求：报名参加者应是中学生。

项目主题：关于自然保护的科学研究或者解决保护问题的实践方案。提交的研究或实践方案目标明确，逻辑清晰，方法创新可行，对保护自然有实际的意义。

活动奖励："乔治·夏勒山水自然学堂奖学金"，用于实现自己的科研或实践计划（一等奖一名，奖励人民币5000元；二等奖二名，奖励人民币3000元；三等奖三名，奖励人民币2000元）。

展示：在学生保护科学大会SCCS-Beijing中学生专场上展示自己的研究课题，接受国际顶尖保护生物学家的现场点评，并受邀于下一届SCCS-Beijing论坛上展示自己的成果。

时间节点：6月份网上申报，10月全国入围5项接到通知，11月初在北京大学进行现场终评答辩。

青少年科技创新省（市）长奖

青少年科技创新省（市）长奖为部分省、市、自治区青少年科技创新活动的个人年度最高荣誉。目前有北京市、重庆市、吉林省、湖南省"芙蓉创新奖"、苏州市等省市设有此奖项。以北京市青少年科技创新市长奖为例。

评选资格：凡北京市品学兼优的在校高中学生（包括中等专业学校、技工学校、职业中学）在高中阶段获得以下奖项之一均有资格参加评选。

当年度在英特尔国际科学与工程大奖赛（美国主办）、迈向未来—国际青少年科学大会（俄罗斯主办）、欧盟青少年科学竞赛、国际环境科研项目奥林匹克竞赛（土耳其主办）、国际青少年科学家论坛（英国主办）等国际科技竞赛中获奖的学生。

获得当年度由中国科协、国家教育部、国家科技部等九部委主办的"全国青少年科技创新大赛"科技创新成果竞赛一等奖、二等奖的学生。

获得当年度由国家教育部、中国科协等单位主办的"明天小小科学家"奖励活动一、二等奖的学生。

申报及要求：申报者请认真填报《北京青少年科技创新市长奖候选人申报表》，同时由候选人从以往获奖项目中任选其一，提交项目摘要并撰写获奖后心得体会文章（内容可包括：项目是否进行后续工作具体工作内容、通过竞赛活动是否对项目进行进一步的完善工作以及具体做法、参加各项活动后的感受和收获等，字数不超过 2000 字），并附获奖证书复印件，以上均一式三份，于 12 月 20 日前寄送到北京青少年科技活动中心。

评审和奖励：根据"市长奖"产生办法，各区组织有关学校推荐有资格入选的学生，经资格审查委员会进行资格审查，再由两院院士和相关学科、包括社会科学的专家组成评审委员会，进行初评和终评，并对他们进行面试、问辩等综合评定，通过无记名投票的方式差额选举出"市长奖"获得者。获奖者名单将在媒体上公示，接受公众监督。

时间节点：10 月有申报资格的高中生进行申报，11 月初评结果公示，12 月终评答辩，第二年 3 月在创新大赛上颁发奖项。

育才篇·成果

北京市中小学金鹏科技论坛

主办单位：北京市教育委员会。

承办单位：北京学生活动管理中心、北京市朝阳区教育委员会。

执行单位：北京市朝阳区青少年活动中心。

活动组委会设在朝阳区青少年活动中心，活动评审委员会由高校教授、科研院所研究员等科技教育专家组成。

活动主题：参加科技实践，求真知，促成长。

活动宗旨：以"参与科技实践，求真知，促成长"为活动主题；面向北京市全体学生，强调学生独立完成；注重活动过程的体验；促进学生全面发展。

申报要求：集体项目作者人数不超过3人（含3人）；项目辅导教师不得超过两人；上交材料包括研究方案、研究报告或论文（3000字以内）、原始资料（包括研究记录、工作日志及其他体现研究过程的资料等）。

参评内容：金鹏科技论坛活动鼓励学生从自己的兴趣出发，在生活及学习中发现问题，在老师的指导下，运用科学的方法进行调查、实验、设计制作等科技实践，形成自己的科学探究成果。参评内容包括：对自然现象的观察、探究等项目；对社会问题的调研、建议等项目；对技术的改进及创造发明等作品。

评审标准：从"研究方案、研究资料、研究报告、工作日志"四个方面进行综合评审，以"选题合理，方案可行，方法适宜，真实完整，突出自主性、鼓励小组合作，研究结果可信、研究结论有意义，写作规范、客观、严谨"作为评审标准。

时间节点：3月份选人选项目，5~6月确定题目，7~8月实施，9月完成报告，10月区评选，11月网上申报，次年1月份终评答辩，3月份颁奖。

北京市中小学生科学建议奖评选活动

主办单位：北京市教委、北京学生活动管理中心主办，各区教委协办。

活动宗旨：培养中小学生的科学精神和创新意识，培育具有科学潜质和社会责任意识的科技后备人才，鼓励青少年学生立志投身于科学技术事业；奖励开展科技教育活动成绩突出的中小学，推动北京市科技教育工作广泛深入开展。

建议范围：涉及与人们生产、生活息息相关的实际问题。城市建设与管理、新农村建设、低碳生活、市民出行、环境保护与生物多样性保护、公共卫生与健康、社区文化建设、防灾与安全，以及其他方面的建议。

评审资格：

（1）申报者必须为北京市各中小学校在读的学生，申报有独特见解的科学建议。

（2）申报方式：个人项目，学生以个人名义申报一个项目，须在辅导教师指导下独立完成。集体项目，2~3名学生（同一学校）组成一个项目研究小组，在辅导教师指导下，共同合作完成。

（3）申报者按照活动实施办法完成全部申报工作，所提交申报材料通过资格审查。获得复评资格的学生以组委会办公室正式公布的资格审查合格名单为准。

（4）申报者所提交申报材料如被发现存在弄虚作假情况，经核查属实，将立即取消其评审资格。

时间节点：5月选题、6~8月撰写方案、5月15日~9月15日前完成网上申报、10月初评30项入围项目、12月初终评答辩、12月底颁奖并展示。

文／北京育才学校　陈宏程

育才篇·成果

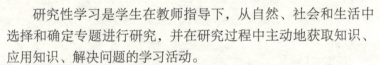
导语： 经济和社会的发展呼唤着科技的大发展，也呼唤着教育的变革，要让学生从小感受到科学研究的氛围，受到科学家人格魅力的熏陶，让他们在做课题研究的过程中培养科学素养、科学精神、科学品质，为其终生发展奠定基础。

研究性学习过程促进师生共同成长

育才篇·成果

　　研究性学习是学生在教师指导下，从自然、社会和生活中选择和确定专题进行研究，并在研究过程中主动地获取知识、应用知识、解决问题的学习活动。

　　研究性学习的流程可以概括如下：

　　1.提出问题→问题论证、假设→确定课题；

　　2.制定研究方案；

　　3.实施研究方案：收集第一手资料→数据统计分析→讨论得出结论；

　　4.问题解决方案：撰写研究报告或论文；

　　5.答辩或成果展示 。

　　近十年来，我在课堂教学中指导学生从生活、自然、社会中发现问题、提出问题，再通过论证将问题转变成有研究价值的课题；初步制定好研究方案后，学生可以自请导师，在课下开展研究。

　　在扎扎实实推进全员参加研究性学习的同时，我仍然关注那些对科学研究工作特别感兴趣、学有余力的学生。经济和社会的发展呼唤着科技的大发展、也呼唤着教育的变革，要让学生从小感受到科学研究的氛围、受到科学家人格魅力的熏陶，让他们在课题研究的过程中培养科学素养、科学精神、科学品质，为其终生发展奠定基础。在北京"后备人才计划"的帮助下，他们分别走进中科院、高校的国家重点实验室，在研究员、教授的指导下开展高水平的课题研究。作为科技教师，我心甘情愿地做科学家与中学生之间的桥梁，例如，在科学家的研究领域和学生的兴趣特长中找结合点，以便学生能选出适合自己的课题；协助科学家辅导学生学习专业知识和做实验；辅导学生参加多种科技比赛，牺牲了无数个周末和节假日，为修改论文、整理申报材料和赛前的训练而一次次通宵达旦！

> **TIPS:**
>
> ≫≫ 我心甘情愿地做科学家与中学生之间的桥梁，例如，在科学家的研究领域和学生的兴趣特长中找结合点，以便学生能选出适合自己的课题；协助科学家辅导学生学习专业知识和做实验。辅导学生参加多种科技比赛，牺牲了无数个周末和节假日，为修改论文、整理申报材料和赛前的训练而一次次通宵达旦！

令我欣慰的是，学生们也取得了优异成绩，先后有六人获得全国青少年科技创新大赛一等奖，有三人获得该赛事二等奖；有两人获得"明天小小科学家"奖励活动一等奖，有两人获得该赛事二等奖；有35人获得北京青少年科技创新大赛一、二等奖；有31名学生获得北京市中小学生金鹏科技论坛一、二等奖。2009年，我荣获"北京市特级教师"荣誉称号、北京市"十佳科技辅导员"称号，这也是师生共同成长的过程！

在"后备人才计划"20年之际，介绍几位学生的课题研究过程和成果，以期对其他学生有所启发。

好奇心为科学插上飞翔的翅膀

1. 观察生活，产生好奇心。

2011年寒假期间，朱博恺住在英国北爱尔兰农业食品研究所的 Peter Christie 博士家里，这是一位推行低碳绿色生活的环保人士，因此朱博恺有机会详细了解了他们家里的环保生活，包括垃圾堆肥、马粪种菜、人工湿地处理生活污水等。朱博恺被 Peter 博士家的具有实际功效的小型湿地深深地吸引住了，

育才篇·成果

对"湿地中的微生物产生电"产生了强烈的好奇心，也了解了英国人的环保理念。

他在高中化学中学习了原电池知识，一道化学作业的课外延伸题中提到微生物燃料电池，由此想到"如何利用微生物产生电"，于是他动手尝试用厨余垃圾搭建电池。

2.最初目标是开发新能源，利用厨余垃圾发电，构建了可以产电的厨余垃圾微生物燃料电池。但是产电量不大怎么办？朱博恺感受到科学道路并不平坦，遇到挫折他没有放弃，在老师的鼓励和提示下大量阅读相关文献。

3.日常生活中，朱博恺对环境问题很关注，了解到重金属在环境中不能被分解，一旦进入环境特别是土壤环境中很难被去除。

4.他在文献中发现微生物燃料电池可以脱盐，从而得到启示——可以电动修复重金属污染土壤。

5.他在导师指导下设计了"基于微生物燃料电池的土壤脱毒电池"，结果很令人兴奋，设想得到验证—— 利用土壤脱毒电池可以有效去除重金属。

6.成果的优势。

（1）环境友好，本实验设计的装置与其他的土壤修复装置的区别在于不用外界的能量输入，而是利用土壤中本身存在的有机质中的能量。

（2）实际应用中装置较简便，电极使用不会污染环境的碳毡。

7.创新点：微生物燃料电池的实践应用。

朱博恺携此成果获得2012年"明天小小科学家"二等奖。

"磁种子"背后的故事

（一）课题的确定

从小就在北京生活的王文琛，深刻了解北京是个极度缺水的城市。在她看来，在水资源短缺的情况下不但要节约用水，污水处理也很重要，学校地理课上播放的高碑店污水处理厂的

北京青少年科技
后备人才早期培养计划 **人才20年**

短片, 其中的宏大场面令她印象深刻, 让她对污水处理十分关注。

参加科学院的开放日, 她了解到磁分离技术可以用于处理污水, 但绝大多数污水是没有磁性的, 磁分离技术无法将其有效分离。所以, 必须要先在污水中加入"磁种子"吸附污染物, 再让污水流过超导磁分离器, 就可以实现水体的净化。

通过预实验和文献阅读, 她了解到现有"磁种子"的不足, 即磁性弱、吸附性差、制备工艺复杂。所以她提出问题: 如何简便地制备既具有强磁性, 又能高效吸附有机物的"磁种子"呢?

根据文献提示, 可以使用物理或化学方法, 将高吸附力材料与磁性纳米颗粒相结合。其中包括等离子镀膜、机械包覆法、负压浸渍法、化学气相沉积法, 它们的本质是制备薄膜或包覆材料。

对上述方法进行调研后, 她发现了存在的问题: 等离子镀膜法的产量低, 工艺复杂; 机械包覆法和负压浸渍法的机械结合力较差; 化学气相沉积法温度难以控制, 镀膜均匀性差。所

育才篇·成果

▼王文琛在实验中

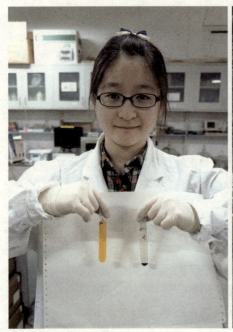
▲王文琛做磁种子吸附试验

▲王仲祺（右）展示全国科创一等奖展板、金牌和奖杯

育才篇·成果

以二者结合的方法需要改进。

她的研究思路是这样的：在现有的材料中，活性炭具有较强的吸附性且价格低廉，Fe_3O_4具有较强的铁磁性，但是如何将两种功能赋予一种材料呢？现有的化学气相沉积法温度难控制，镀膜均匀性差，所以要采用新技术制备这种新材料。

在实验室中，王文琛发现师哥、师姐们用超声高温雾化热解沉积系统在电极表面镀膜，镀膜效果很好。

她通过查阅文献了解到，超声雾化热解技术在薄膜制备中应用十分广泛，是一种均匀雾化的最好方法。她想，如果在制备磁种子时引入超声波产生雾化液滴技术，可以使雾滴尺寸均匀，大大提高沉积速率，有可能在磁性纳米颗粒表面覆盖活性炭薄膜。因此和老师讨论尝试用这种装置制备磁种子，课题名称为"Fe_3O_4磁性活性炭材料的高温雾化法制备及其应用的研究"。

（二）实验过程

1. 对反应条件的优化过程

她的第一次试验结果并不理想。按照超声高温热解沉积系统中给电极镀膜的方法，设定温度为600℃，在扫描电镜下观察到制备出的磁种子形貌不规则、大小不均匀、球体不完整，但她觉得装置很好，就尝试改变温度，在她的认知里600℃的温度太高了，因为在生活中100℃下水就汽化了，她猜想也许是温度太高使磁种子裂掉了，所以初步尝试将温度降至500℃，重新制备样品，观察发现磁种子形貌更为不理想，由此发现温度对磁种子的形成有一定的影响。于是，反向升高温度分别至650℃、700℃、750℃，结果温度越高制备的磁种子形貌越好，比较发现，700℃时磁种子形貌最好。

2. 关于原材料质量比的选择

从反应原理说起：

$$C_6H_{12}O_6+3FeSO_4 = 5C+Fe_3O_4+CO_2\uparrow + 3SO_2\uparrow + 6H_2O\uparrow$$

从方程式上看$C_6H_{12}O_6$和$FeSO_4$的摩尔比为1：3，经计算，质量比约为1：4.6。因为葡萄糖500克才8元，七水硫酸亚铁500克要110元，从降低成本的角度考虑，她一开始就是按1：1的质量比称量原材料，把原材料溶解在去离子水中后，倒入"超声高温雾化热解沉积系统装置"的雾化系统中。经检测，这样制成的磁种子具有高吸附性和强铁磁性，达到了预期目标。

更有意思的是：磁种子的制备打破了她在学校里对化学反应方程式的认识。在常温下，1：1的质量比中反应物葡萄糖是过量的，理论上会在产物中有剩余，但在这个装置中，葡萄糖全部分解为碳单质构成活性炭，活性炭是磁种子中吸附污物的主力军。

因此从降低成本的角度考虑，提出假设：进一步提高原材料中$C_6H_{12}O_6$的比例对制备出的磁种子的吸附性和铁磁性会有影响。

预期2：1和3：1制备的磁种子差别不会太大，所以就选择原材料质量比为4：1来制备磁种子，再进行检测比较，来验证猜想。结果，制备出的磁种子样品在电镜观察下内部结

育才篇·成果

构和外部形貌都是较为稳定的，所以可作为磁种子。

3.对磁种子进行性能分析

（1）测定磁种子的磁性强弱

从文献中了解到，测定样品的磁性，除了可以用振动磁强计以外，还可用高斯计测磁场强度，但她需要知道样品是否具有磁性及磁性的强弱，所以选用振动磁强计测定样品的饱和磁化强度，得到磁滞回曲线，横坐标为磁场强度，纵坐标为磁化强度，如果样品没有磁性则为过原点的一条直线，而不是"S"形曲线。

（2）测定样品的吸附性

除了用氮气吸附实验测定外，还可以用碘吸附实验，来测定吸附性能，但得到的只是吸附碘的量，而且测试过的磁种子无法再利用（碘将活性炭中的孔堵塞了），在绝大多数文献中，都采用BET表面积和单位质量微孔体积来作为吸附性能的指标，所以请导师联系计量所对样品进行氮气吸附实验，通过BET表面积和单位质量微孔体积与别人的研究数据进行对比和分析，以说明她制备出的磁种子具有较强的吸附性。

（3）磁分离试验

用制备出的磁种子处理印染污水的主要成分甲基橙，现象是甲基橙溶液马上变为无色；将磁铁贴在试管外，基于磁性作用，磁种子很容易被外磁场捕获。

以上实验说明：该磁种子以活性炭吸附有机污染物效率高，且能够很好地实现磁分离。实现了课题的预期目标，弥补了现有磁种子的不足。

王仲祺的课题选择、创新成果及专利申请

教师在研究性学习课堂上启发学生"观察生活现象，从中发现问题、提出问题、解决问题"。

王仲祺关注的现象——酒后驾车引起的交通事故令人触目惊心，于是，提出问题——如何避免酒驾呢？学生讨论——主要从两方面解决，一是交警加强检测，二是在汽车上安装酒精检

育才篇·成果

测装置。但现有酒精传感器灵敏度低、价格昂贵，不能完全满足实际需要。

教师指导王仲祺进行文献研究，了解到现有酒精传感器性能不佳的原因是"敏感材料呈颗粒状，团聚在一起，十分致密，气体进出不畅通"。什么样的材料结构与空气接触更充分呢？受到篝火晚会上那堆篝火的启发，王仲祺设想：如果敏感材料的形貌是一维网状结构，那么预期传感器性能会很好。因此，王仲祺确定课题为"准一维氧化锌敏感材料的合成与酒精传感器性能的优化"。

之后，在导师指导下，王仲祺刻苦学习并运用化学知识，在实验室反复进行实验探索，终于在常温常压条件下成功制备出了准一维氧化锌敏感材料。

用制备出的敏感材料做传感器，经过测试，灵感度提高了6倍以上。

由于研究成果"低成本、低能耗、高灵敏度"，十分便于产业化，王仲祺申请了一个发明专利和两个实用新型专利。

文／北京市中关村中学 徐军

育才篇·成果

跋

科学技术方面的发明创造是推动社会进步的强大动力。激发青少年对发明创造的兴趣，培养青少年发明创造的意识，开发青少年的创造潜能，是进行素质教育的重要任务。我们国家发展的明天，取决于今天青少年学习的效果，创新意识就要在这里起步，因此，大力加强青少年创新能力的培养不仅是国家的需要，更是时代的呼唤。

我们编写《人才20年》一书，就是要通过还原活动的发展历程，对历史进行梳理传承；通过一个个走进科学的青少年成长、成才的故事，对取得的成果汇总提炼；通过各方参与者的真实感言，对经验归纳总结；通过院士专家的真知灼见，对未来发展进行展望。

为此，北京市科协和北京科技报共同整理资料、梳理名单、筛选代表，深入全市各个学校，采访在"后备人才计划"实施过程中给予过大力支持的院士、专家、校长，以及通过"计划"成长起来的科技精英、优秀学生，还有为"后备人才计划"的实施洒下汗水、付出过辛勤努力的大学导师、科研人员、中学科技教师，最终将"后备人才计划"实施二十年来涌现出的一个个优秀人物、感人故事呈现出来。

本书在编辑过程中，我们得到了多方的支持。王绶琯、王乃彦院士为本书亲笔题词；陈佳洱、严纯华、吴岳良等院士专家对未来科技教育的发展建言献策；耄耋之年的邓希贤先生带我们重温了成长之路；48所基地校的领导通过题词、寄语纷纷表达祝贺；参与本书撰稿的一线教师，把多年的教学经验毫无保留地奉献给读者！

书中带你重温活动创立之初的艰辛，感悟院士专家对青少年科技教育的殷切希望，切身体会导师、学校、科技教师为人才培养付出的努力，了解一个个人才成长的故事！一个个鲜活的人物，一件件动人的事迹，都深深印刻在师生的心里，无不震撼着心灵、启迪着思想，让人崇敬，催人奋进。

任何新生事物在开始时都不过是一株幼苗，一切新生事物之宝贵，就在于这新生的幼苗中，有无穷的活力在成长，让我们将青春梦、科学梦、中国梦融入青少年科技人才培养活动之中，以科技创新推动中国梦的实现。

北京市科学技术协会党组成员、副主席

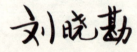